Alf Pflüger · Heinz Spitzer

Beispielrechnungen zur Statik der Stabtragwerke

Mit 61 Abbildungen

Springer-Verlag
Berlin Heidelberg New York Tokyo 1984

em. o. Prof. Dr.-Ing. Dr.-Ing. E. h. **Alf Pflüger**
Prof. Dr.-Ing. **Heinz Spitzer**
Institut für Statik
Universität Hannover
Callinstraße 32, D-3000 Hannover 1

CIP-Kurztitelaufnahme der Deutschen Bibliothek
Pflüger, Alf:
Beispielrechnungen zur Statik der Stabtrag-
werke / Alf Pflüger ; Heinz Spitzer. —
Berlin ; Heidelberg ; New York ; Tokyo :
Springer, 1984.

ISBN 978-3-540-12847-2   ISBN 978-3-642-52234-5 (eBook)
DOI 10.1007/978-3-642-52234-5

NE: Spitzer, Heinz:

2060/3020-543210

Vorwort

Im Herbst 1978 wurde vom erstgenannten Verfasser das Buch „Statik der Stabtragwerke" veröffentlicht. Beispiele wurden dort nur gebracht, wenn dies für die anschauliche Darstellung der theoretischen Zusammenhänge erforderlich schien.

Im vorliegenden Buch werden Beispiele dargestellt, die mehr auf die Probleme der praktischen Rechnung eingehen sollen. Jedes dieser Beispiele wird bis zur endgültigen numerischen Lösung vorgerechnet, um anhand dieser Berechnung die auftretenden Schwierigkeiten aufzuzeigen. Bei der numerischen Rechnung wird angenommen, daß ein Taschenrechner zur Verfügung steht; auf eine Programmierbarkeit wird verzichtet. Nur in wenigen Fällen wird ein Programm vorausgesetzt und das Ergebnis ohne Zwischenrechnung angegeben, wie zum Beispiel bei der Auflösung linearer Gleichungen. Die programmierte Datenverarbeitung ist für die Statik – insbesondere für Flächenträger – so wichtig, daß sie ein eigenes Buch erfordert.

Bei den Beispielen wird häufig Bezug auf die „Statik der Stabtragwerke" genommen. Das Buch ist aber trotzdem nicht als „zweiter Band" hierzu anzusehen. Alle Beispiele sind für sich verständlich und können unabhängig voneinander bearbeitet werden. Der Schwierigkeitsgrad ist durchschnittlich höher als bei den Beispielen der „Statik der Stabtragwerke".

Die Verfasser sind den Herren Dr.-Ing. Stern, Dr.-Ing. Gensichen, Dipl.-Ing. Menzel, Hümpel und insbesondere Frau Graf zu großem Dank verpflichtet. Sie danken auch dem Springer-Verlag für die gewohnte hervorragende Ausstattung des Buches und die vorbildliche Zusammenarbeit.

Hannover, im Oktober 1983 A. Pflüger   H. Spitzer

Inhaltsverzeichnis

Teil I Statik starrer Systeme

1 Symbole für Lager und Stabverbindungen

In Bild 1.1 und 1.2 werden die in „Statik der Stabtragwerke", Abschnitt 2, eingeführten Symbole ergänzt.

1.1 Lagersymbole

Bei den Symbolen sind jeweils die Lagerreaktionen angegeben, die in dem betreffenden Lager auftreten können.

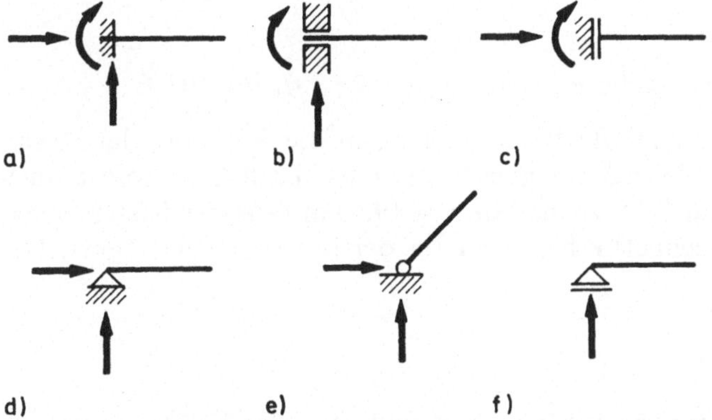

Bild 1.1 a–f. Lagerformen ebener Systeme

1.2 Symbole für Stabverbindungen

Neben den Symbolen sind die Schnittgrößen dargestellt, die jeweils in der Verbindung übertragen werden können.

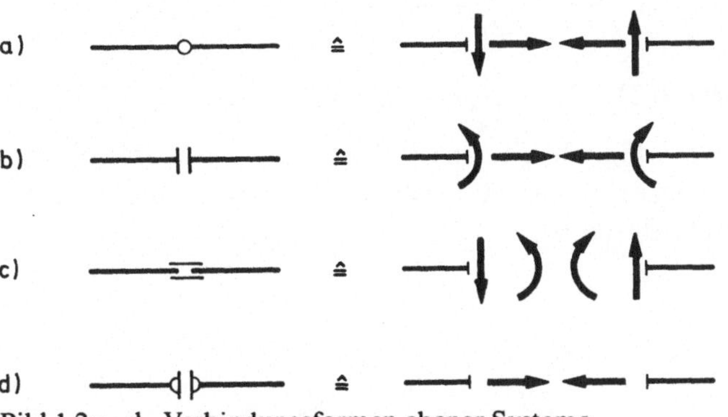

Bild 1.2 a–d. Verbindungsformen ebener Systeme

2 Berechnung von Lagerreaktionen

Am Dreigelenkrahmen des Bildes 2.1a sollen verschiedene Möglichkeiten der Bestimmung von Auflagerreaktionen gezeigt werden. Bei einer Zerlegung der Lagerkräfte in rechtwinklige Komponenten nach Bild 2.1a folgt mit der Lastresultierenden $R = q\,l_4$ (Bild 2.1c) aus der Gelenkbedingung für den Punkt g und aus dem Momentengleichgewicht des ganzen Systems für den Punkt a

$$\bar{H}_\mathrm{b} = \frac{\bar{B}\,l_3}{h}\,, \qquad \bar{B} = \frac{R\,l_4}{2\left[l + \dfrac{l_3}{h}\,(l_1 \tan \alpha - h)\right]}\,.$$

Das Gleichgewicht in vertikaler und horizontaler Richtung liefert

$$\bar{A} = R \cos \alpha - \bar{B}\,, \qquad \bar{H}_\mathrm{a} = \bar{H}_\mathrm{b} - R \sin \alpha\,.$$

Mit

$$l_1 = 4{,}5 \text{ m}\,, \quad l_2 = 13{,}5 \text{ m}\,, \quad l_3 = 3 \text{ m}\,, \quad l_4 = 9 \text{ m}\,, \quad h = 6 \text{ m}$$

wird

$$\bar{A} = 0{,}294\,R\,, \quad \bar{B} = 0{,}206\,R\,, \quad \bar{H}_\mathrm{a} = 0{,}763\,R\,, \quad \bar{H}_\mathrm{b} = 0{,}103\,R\,.$$

Da nur die linke Rahmenhälfte belastet ist, kann die Richtung der Resultierenden der Auflagerkräfte in b, die gleich der Gelenkkraft G ist, sofort angegeben werden, wie es Bild 2.1b zeigt. Mit $r_\mathrm{g} = 19{,}59$ m (aus der Systemskizze herausgegriffen oder berechnet) erhält man aus der Momentengleichgewichtsbedingung für Punkt a

$$G = \frac{R\,l_4}{2\,r_\mathrm{g}} = 0{,}24\,R$$

und daraus durch Komponentenzerlegung $\bar{B}$ und $\bar{H}_\mathrm{b}$. Die Kräfte $\bar{A}$ und $\bar{H}_\mathrm{a}$ folgen wie oben.

In Bild 2.1c wird eine schiefwinklige Komponentenzerlegung benutzt:

$$B = \frac{R\,l_4}{2\,l}\,, \qquad A = \frac{R\,r_\mathrm{b}}{l}\,, \qquad H_\mathrm{b} = \frac{B\,l_3}{r_\mathrm{h}}\,, \qquad H_\mathrm{a} = \frac{A\,(l_1 + l_2) - R\,r_\mathrm{r}}{r_\mathrm{h}}\,.$$

Mit

$$r_\mathrm{b} = 7{,}55 \text{ m}\,, \qquad r_\mathrm{h} = 6{,}23 \text{ m}\,, \qquad r_\mathrm{r} = 11{,}25 \text{ m}$$

wird

$$A = 0{,}360\,R\,, \qquad B = 0{,}214\,R\,, \qquad H_\mathrm{a} = -\,0{,}766\,R\,, \qquad H_\mathrm{b} = 0{,}103\,R\,.$$

Zur Vervollständigung der Möglichkeiten ist in Bild 2.1d und e die zeichnerische Ermittlung der Lagerreaktionen dargestellt. Voraussetzung ist dabei, daß nur eine Rahmenhälfte belastet ist.

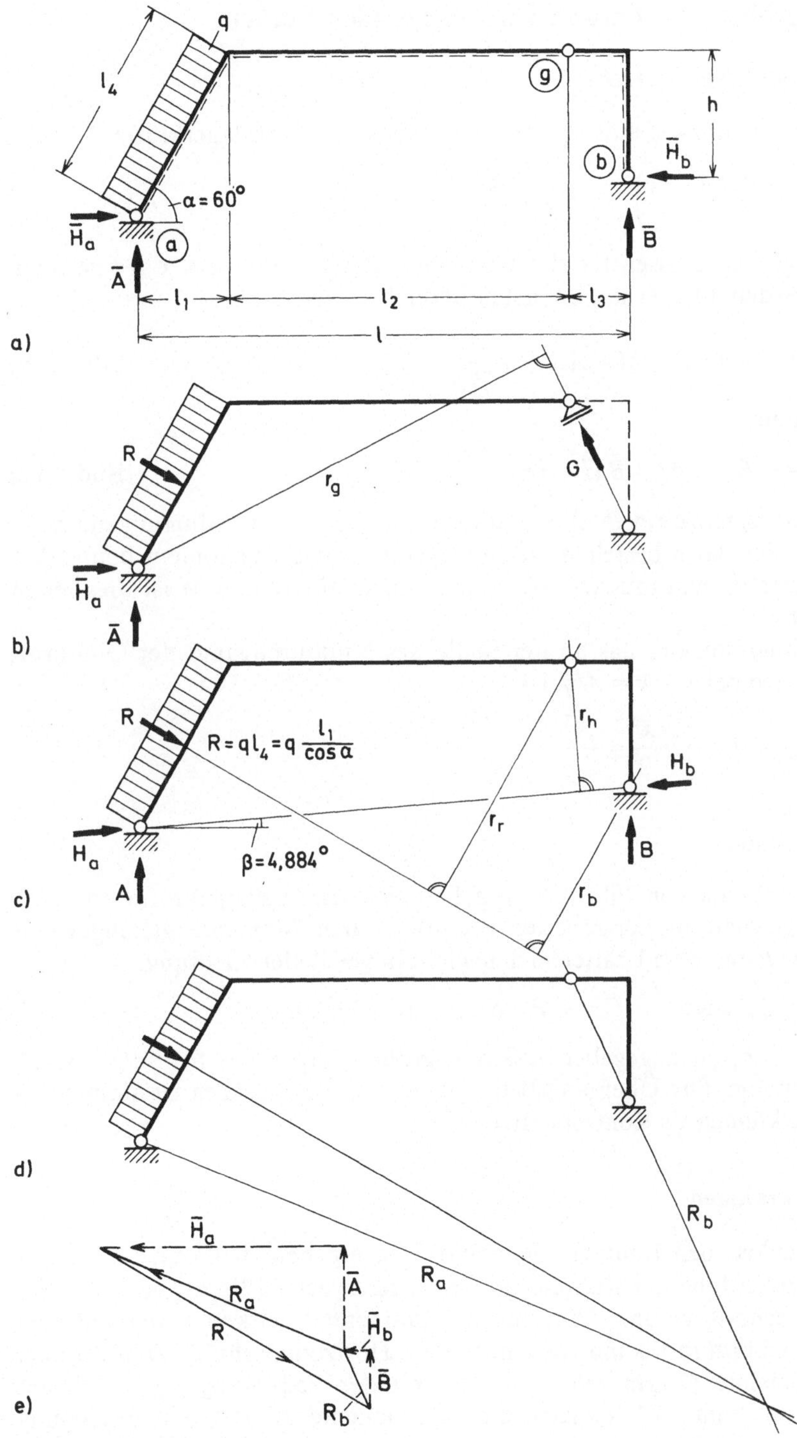

Bild 2.1 a−e. Dreigelenkrahmen

3 Schnittgrößen von Tragwerken aus geraden Stäben

3.1 Balken auf zwei Stützen

Bei dem Balken auf zwei Stützen von Bild 3.1a sind die Auflagerkräfte

$$A = q\,\frac{a}{l}\left(\frac{a}{2} + b\right), \quad B = q\,\frac{a^2}{2\,l}, \quad H_\mathrm{a} = 0 \,.$$

Die Schnittgrößen müssen für die Bereiche $0 \leqq x \leqq a$ und $a \leqq x \leqq l$ getrennt berechnet werden. Man erhält im ersten Bereich

$$Q = A - q\,x, \quad M = A\,x - q\,\frac{x^2}{2} \qquad \text{(Bild 3.1b)}$$

und im zweiten

$$Q = -\,B, \quad M = B\,(l - x)\,. \qquad \text{(Bild 3.1c)}$$

An der Bereichsgrenze im Punkte c müssen die Übergangsbedingungen erfüllt werden, die hier darin bestehen, daß Querkraft und Biegemoment beider Bereiche übereinstimmen müssen. Mit den Formeln für Q und M ist dies leicht zu bestätigen.

Das Maximalmoment, das an der Stelle des Nulldurchgangs der Querkraft auftritt, nämlich bei $x = \bar{x} = A/q$, ist

$$M_\mathrm{max} = A\,\bar{x} - q\,\frac{\bar{x}^2}{2} = \frac{A^2}{2\,q}\,.$$

3.2 Shed-Rahmen

Beim Shed-Rahmen von Bild 3.2a ergeben sich die Auflagerkräfte aus dem Kräftegleichgewicht in horizontaler Richtung, dem Momentengleichgewicht für den Punkt b und dem Kräftegleichgewicht in vertikaler Richtung:

$$H_\mathrm{a} = 2P\cos\alpha, \quad C = -P\sin\alpha, \quad B = 3P\sin\alpha\,.$$

Die in Bild 3.2b,c,d angegebenen Schnittgrößen folgen aus Schnitten durch das Gesamtsystem. Die Übergangsbedingungen an den Grenzen zusammenstoßender Stäbe können als Kontrolle dienen.

3.3 Rechteckrahmen

Für den geschlossenen Rahmen nach Bild 3.3a ergeben sich keine Auflagerkräfte. Zur Ermittlung der Zustandsgrößen wird zweckmäßig der in Bild 3.3b angegebene Schnitt geführt. Am linken Rahmenteil wirken keine äußeren Lasten; als Schnittkraft kann also nur der „Horizontalschub" H auftreten. Seine Komponente Q ermittelt man z.B. mit der Bedingung „$\sum M = 0$ am Stab $1-2$ um Punkt 2", danach die Komponente N mit der Bedingung „$\sum M = 0$ am linken Rahmenteil um Punkt 3".

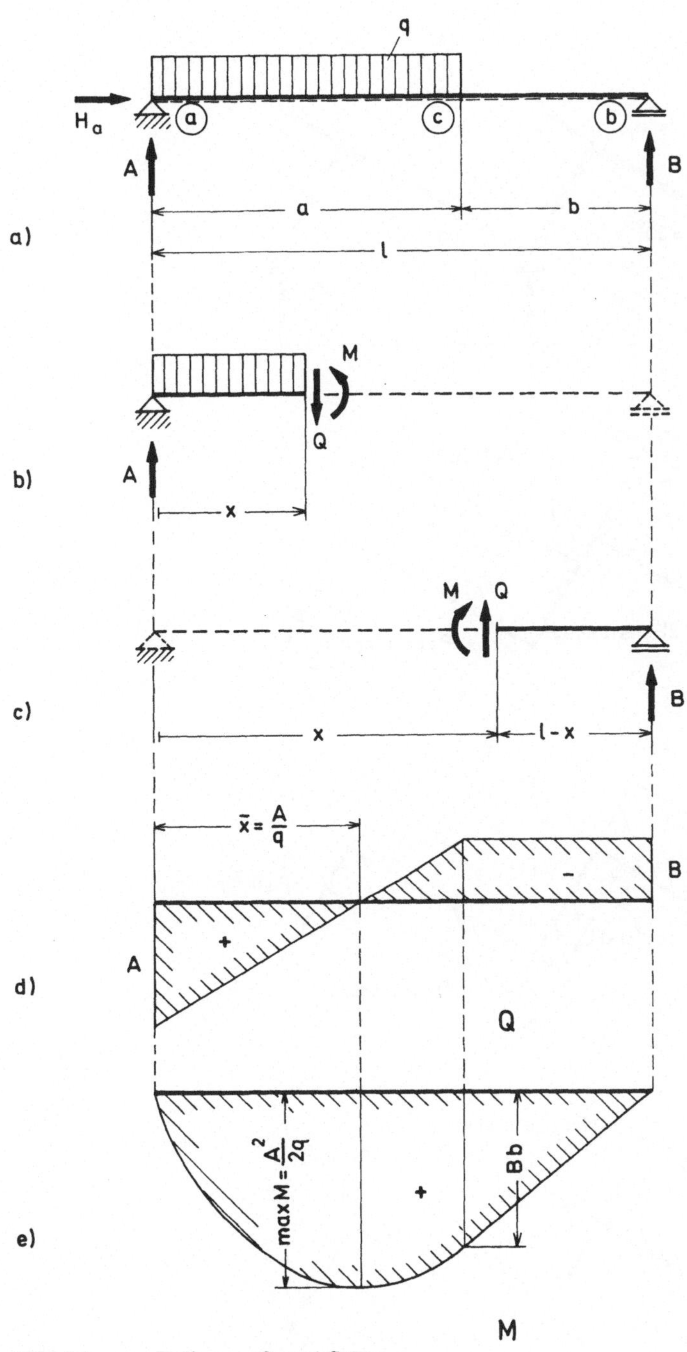

Bild 3.1 a–e. Balken auf zwei Stützen

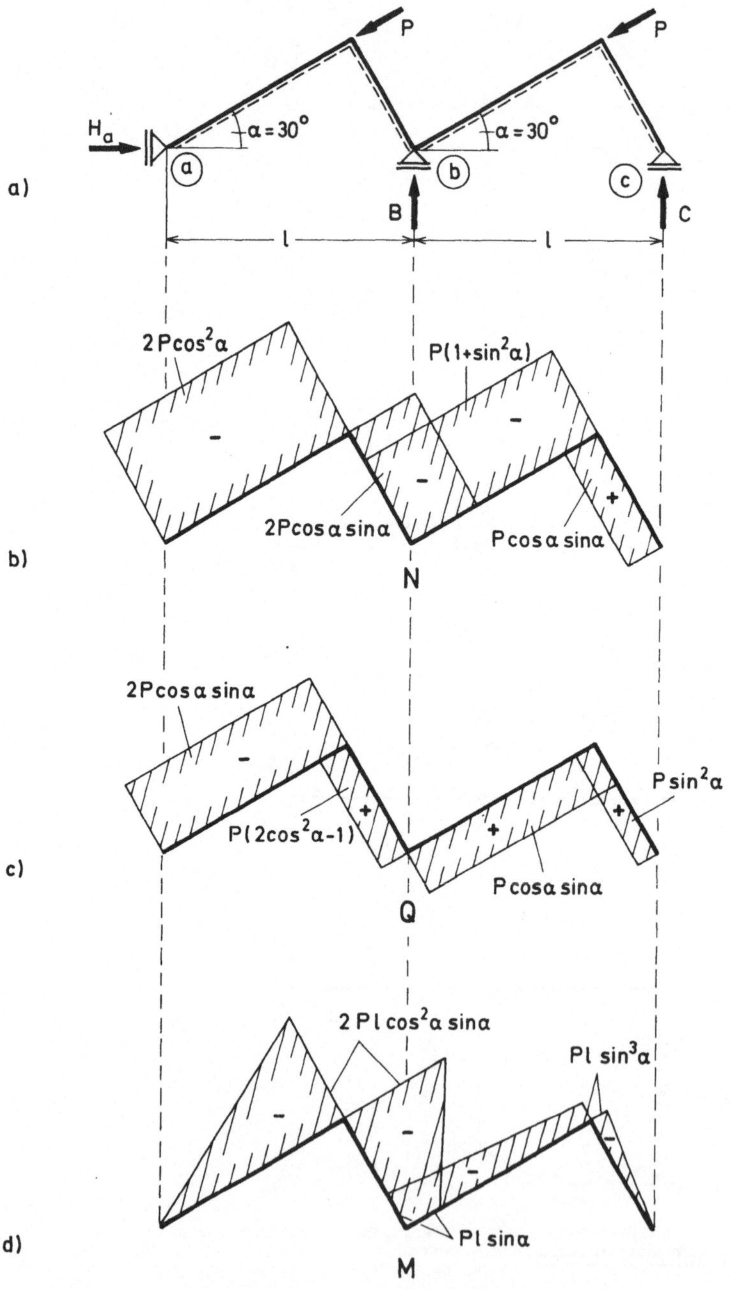

a)

b)

c)

d)

Bild 3.2a−d. Shed-Rahmen

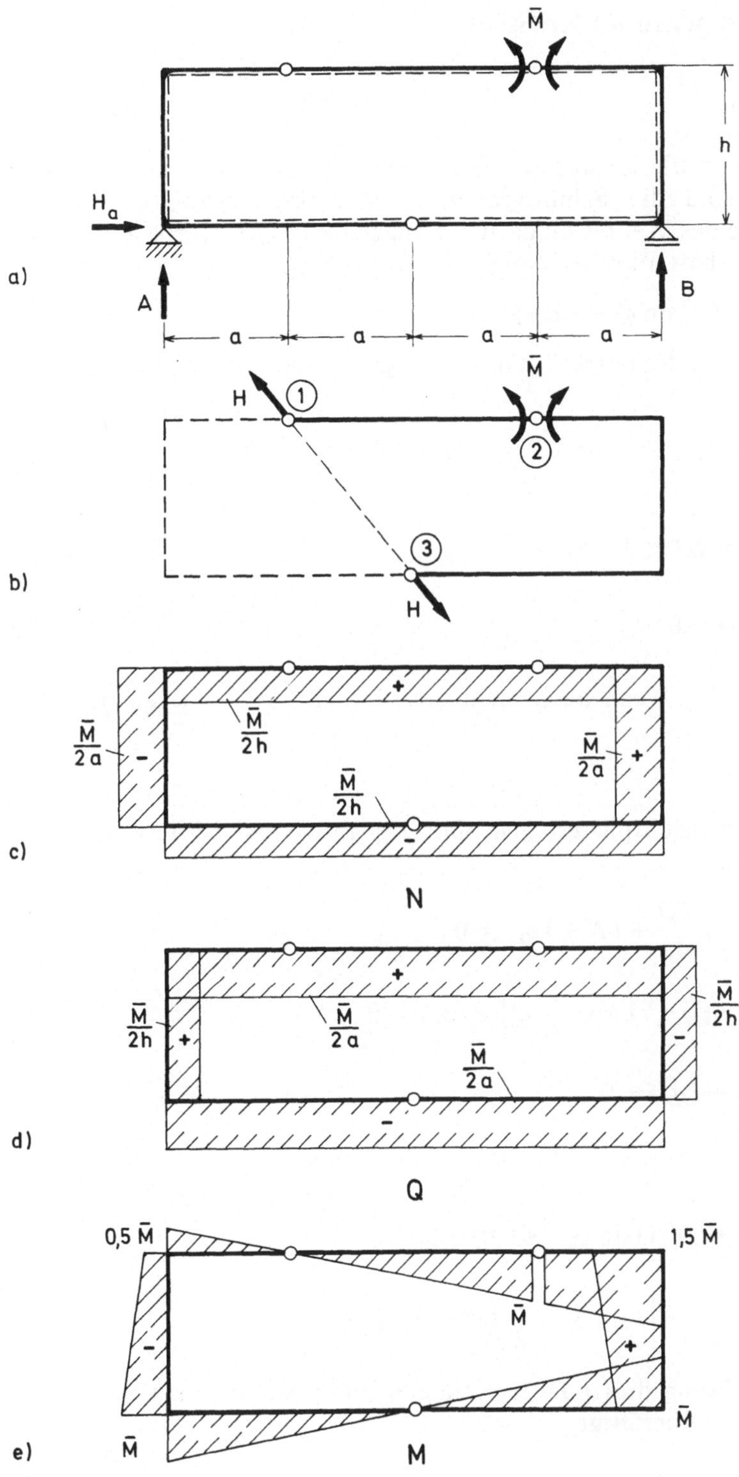

Bild 3.3 a–e. Rechteckrahmen

4 Schnittgrößen gekrümmter Stäbe

4.1 Segmentwehr

Bild 4.1a zeigt in stark idealisierter Form ein Segmentwehr unter Wasser-
druck. Gesucht sind die Schnittgrößen in dem kreisförmig gekrümmten
Träger. Die Breite des Wehres möge eine Längeneinheit betragen, so daß γ die
Dimension K/L^2 erhält. Für die Linienlast q_z ergibt sich

$$q_z = \gamma\, h = \gamma\, r\,(\sin \varphi_0 - \sin \varphi) = q_r. \tag{4.1}$$

Nach „Statik der Stabtragwerke", Gl. (14.2), gelten dann die Differentialgleichungen

$$\frac{\mathrm{d}N}{\mathrm{d}\varphi} - Q = 0, \tag{4.2a}$$

$$\frac{\mathrm{d}Q}{\mathrm{d}\varphi} + N + q_z\, r = 0, \tag{4.2b}$$

$$\frac{\mathrm{d}M}{\mathrm{d}\varphi} - Q\, r = 0. \tag{4.2c}$$

Es ist zweckmäßig, wenn auch nicht erforderlich, N und Q zu der kom-
plexen Größe

$$R = N + i\, Q$$

zusammenzufassen. Multipliziert man Gl. (2b) mit i und addiert sie zu Gl.
(2a), so erhält man

$$\frac{\mathrm{d}N}{\mathrm{d}\varphi} - Q + i\,\frac{\mathrm{d}Q}{\mathrm{d}\varphi} + i\,N + i\,q_z\, r = 0,$$

$$\frac{\mathrm{d}}{\mathrm{d}\varphi}\,(N + i\,Q) + i\left(N - \frac{1}{i}\,Q\right) + i\,q_z\, r = 0,$$

$$\frac{\mathrm{d}R}{\mathrm{d}\varphi} + i\,R + i\,q_z\, r = 0$$

und mit Gl. (1)

$$\frac{\mathrm{d}R}{\mathrm{d}\varphi} + i\,R + \gamma\, r^2\, i\,(\sin \varphi_0 - \sin \varphi) = 0,$$

$$\frac{\mathrm{d}R}{\mathrm{d}\varphi} + i\,R + \gamma\, r^2\left[i \sin \varphi_0 - \frac{1}{2}\,(\mathrm{e}^{i\varphi} - \mathrm{e}^{-i\varphi})\right] = 0. \tag{4.3}$$

Die allgemeine Lösung dieser Differentialgleichung ist, wie man durch Einsetzen in Gl. (3) leicht bestätigt ,

$$R = C\,\mathrm{e}^{-i\varphi} - \gamma\, r^2\left(\sin \varphi_0 + \frac{i}{4}\,\mathrm{e}^{i\varphi} + \frac{\varphi}{2}\,\mathrm{e}^{-i\varphi}\right). \tag{4.4}$$

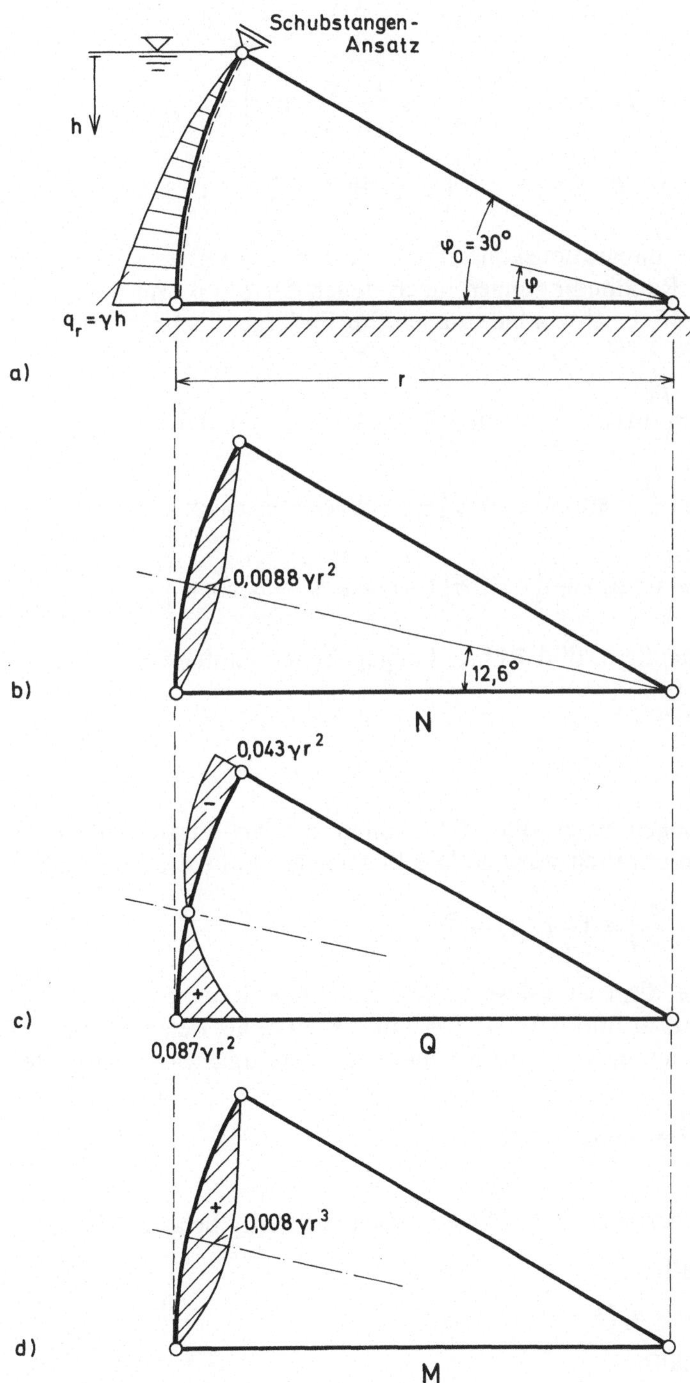

Bild 4.1 a−d. Segmentwehr

Die Schnittgrößen N und Q ergeben sich nun als Realteil und Imaginärteil von R aus Gl. (4). Das Biegemoment M folgt aus Gl. (2c). Es ist

$$N = \; A \cos \varphi + B \sin \varphi - \gamma\, r^2 \left(\sin \varphi_0 - \frac{1}{4} \sin \varphi + \frac{\varphi}{2} \cos \varphi \right),$$

$$Q = - A \sin \varphi + B \cos \varphi - \gamma\, r^2 \left(\frac{1}{4} \cos \varphi - \frac{\varphi}{2} \sin \varphi \right),$$

$$M = \; A\, r \cos \varphi + B\, r \sin \varphi - \gamma\, r^3 \left(- \frac{1}{4} \sin \varphi + \frac{\varphi}{2} \cos \varphi \right) + C_\mathrm{M},$$

wobei C_M eine weitere Integrationskonstante ist. Sie bestimmt sich zusammen mit A und B aus den Randbedingungen, nach denen für $\varphi = 0$ und $\varphi = \varphi_0$ die Schnittgrößen N und M verschwinden müssen. Im Endergebnis bekommt man für die Schnittgrößen

$$N = \gamma\, r^2 \left[\cos \varphi \left(\sin \varphi_0 - \frac{\varphi}{2} \right) + \sin \varphi \left(1 - \cos \varphi_0 + \frac{1}{2}\, \varphi_0 \cot \varphi_0 \right) - \sin \varphi_0 \right],$$

$$Q = \gamma\, r^2 \left[\sin \varphi \left(\frac{\varphi}{2} - \sin \varphi_0 \right) + \cos \varphi \left(\frac{1}{2} - \cos \varphi_0 + \frac{1}{2}\, \varphi_0 \cot \varphi_0 \right) \right],$$

$$M = \gamma\, r^3 \left[\cos \varphi \left(\sin \varphi_0 - \frac{\varphi}{2} \right) + \sin \varphi \left(1 - \cos \varphi_0 + \frac{1}{2}\, \varphi_0 \cot \varphi_0 \right) - \sin \varphi_0 \right].$$

Mit $\varphi_0 = 30°$ erhält man die in Bild 4.1 b, c, d angegebenen Zahlenwerte.

4.2 Dreigelenkbogen

4.2.1 Ausgangsgrößen

Für den Dreigelenkbogen nach Bild 4.2a sollen die Schnittgrößen durch numerische Integration ermittelt werden. Die Bogenachse habe die Form einer Parabel:

$$\eta = 4 f\, \frac{\xi}{l} \left(1 - \frac{\xi}{l} \right) = 4\, \frac{f}{l}\, l\, \bar{\xi}\, (1 - \bar{\xi})\,.$$

Dabei ist $\bar{\xi} = \xi / l$ eine dimensionslose Koordinate. Die Rechnung wird für $f/l = 3/10$ durchgeführt; in Bild 4.2a ist $f = 6$ m, $l = 20$ m als Beispiel angegeben. Im Laufe der Rechnung werden $\sin \alpha$ und $\cos \alpha$ benötigt, was aus der Beziehung

$$\tan \alpha = \frac{1}{l}\, \frac{\mathrm{d}\eta}{\mathrm{d}\bar{\xi}} = 4\, \frac{f}{l}\, (1 - 2\, \bar{\xi})$$

zu ermitteln ist.

Der Bogen sei mit einer senkrechten Streckenlast halbseitig belastet. Es sei

linke Bogenhälfte

$$0 \leqq \bar{\xi} \leqq \tfrac{1}{2}: \quad q = q_\mathrm{g}\, [3 - 8\, \bar{\xi}\, (1 - \bar{\xi})]\,,$$

rechte Bogenhälfte

$$\tfrac{1}{2} \leqq \bar{\xi} \leqq 1: \quad q = 0\,.$$

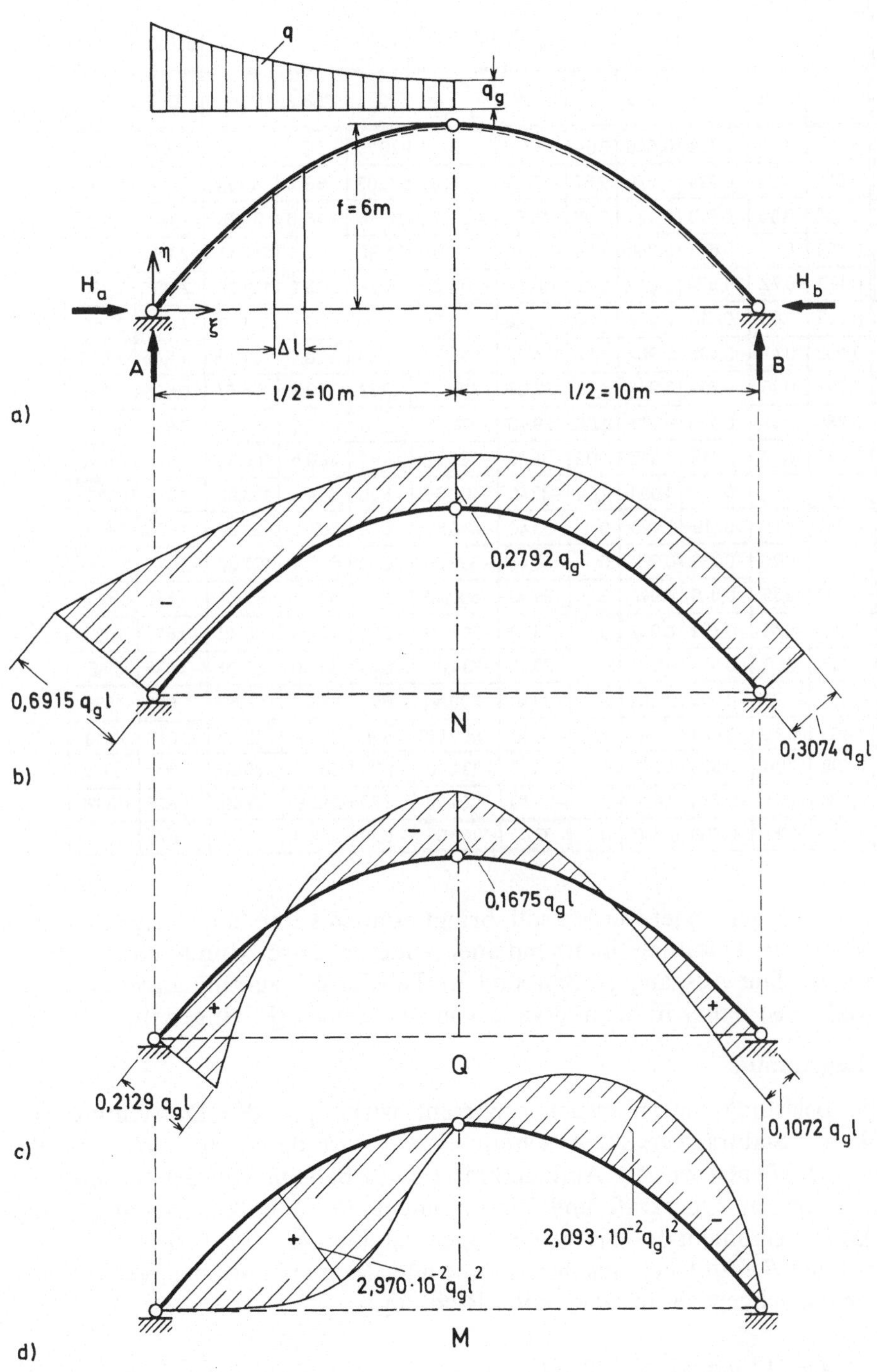

Bild 4.2 a–d. Dreigelenkbogen

Tabelle 4.1. Zur Berechnung der Schnittgrößen

$\bar{\xi}$	(1)	(2)	(3)	(4)	(5)	(6)	(7)	(8)	(9)	(10)	(11)	(12)
	l	–	–	–	q_g	$q_g l\,\frac{\lambda}{2}$	$q_g l^2\,\frac{\lambda^2}{4}$	$q_g l\,\frac{\lambda}{2}$		$q_g l^2\,\frac{\lambda^2}{4}$	$q_g l \cdot 10^{-1}$	$q_g l^2 \cdot 10^{-2}$
$\bar{\xi}$	η	$\tan\alpha$	$\sin\alpha$	$\cos\alpha$	q	$-\!\int$ (5)	$\int$ (6)	Q_0	$1068\,\bar{\xi}$	M_0	Q_0	M_0
0	0	1,20	0,768	0,640	3,00	0	0	26,70	0	0	6,675	0
0,05	0,057	1,08	0,734	0,679	2,62	− 5,62	− 5,62	21,08	53,4	47,78	5,27	2,986
0,10	0,108	0,96	0,693	0,721	2,28	−10,52	− 21,76	16,18	106,8	85,04	4,045	5,315
0,15	0,153	0,84	0,643	0,766	1,98	−14,78	− 47,06	11,92	160,2	113,14	2,98	7,071
0,20	0,192	0,72	0,584	0,812	1,72	−18,48	− 80,32	8,22	213,6	133,28	2,055	8,330
0,25	0,225	0,60	0,514	0,857	1,50	−21,70	−120,50	5,00	267,0	146,50	1,250	9,156
0,30	0,252	0,48	0,433	0,902	1,32	−24,52	−166,72	2,18	320,4	153,68	0,545	9,605
0,35	0,273	0,36	0,339	0,941	1,18	−27,02	−218,26	−0,32	373,8	155,54	−0,080	9,721
0,40	0,288	0,24	0,233	0,972	1,08	−29,28	−274,56	−2,58	427,2	152,64	−0,645	9,540
0,45	0,297	0,12	0,119	0,993	1,02	−31,38	−335,22	−4,68	480,6	145,38	−1,17	9,086
0,50	0,300	0	0	1,000	1,00	−33,40	−400,00	−6,70	534,0	134,00	−1,675	8,375
0,55	0,297	−0,12	−0,119	0,993	0	−33,40	−446,80	−6,70	587,4	120,60	−1,675	7,538
0,60	0,288	−0,24	−0,233	0,972	0	−33,40	−533,60	−6,70	640,8	107,20	−1,675	6,700
0,65	0,273	−0,36	−0,339	0,941	0	−33,40	−600,40	−6,70	694,2	93,80	−1,675	5,863
0,70	0,252	−0,48	−0,433	0,902	0	−33,40	−667,20	−6,70	747,6	80,40	−1,675	5,025
0,75	0,225	−0,60	−0,514	0,857	0	−33,40	−734,00	−6,70	801,0	67,00	−1,675	4,188
0,80	0,192	−0,72	−0,584	0,812	0	−33,40	−800,80	−6,70	854,4	53,60	−1,675	3,350
0,85	0,153	−0,84	−0,643	0,766	0	−33,40	−867,60	−6,70	907,8	40,20	−1,675	2,513
0,90	0,108	−0,96	−0,693	0,721	0	− 33,40	−934,40	−6,70	961,2	26,80	−1,675	1,675
0,95	0,057	−1,08	−0,734	0,679	0	−33,40	−1001,20	− 6,70	1014,6	13,40	−1,675	0,8375
1,00	0	−1,20	−0,786	0,640	0	− 33,40	−1068,00	− 6,70	1068,0	0	−1,675	0

Da numerisch gerechnet werden soll, bringt es auch keine Schwierigkeiten mit sich, wenn die Belastung in irgendeiner anderen Form durch eine Tabelle gegeben ist. Die Ausgangsgrößen sind in Tabelle 4.1 zusammengestellt. Die Stützweite l ist dabei in 20 Intervalle von der Länge $Q\,l$ eingeteilt.

4.2.2 Lagerkräfte

Da die Belastung ausschließlich senkrecht wirkt, gilt die Darstellung von „Statik der Stabtragwerke", Abschnitt 14.3. Es ist damit $H_a = H_b = H$; die Kräfte A, B können wie die Auflagerkräfte eines Balkens von der Stützweite l ermittelt werden. Querkraft und Biegemoment dieses Balkens seien Q_0 und M_0. Das Biegemoment des Dreigelenkbogens ist dann $M = M_0 - H\,\eta$.

Für A und B ergibt sich aus der Summe aller Momente um das rechte Lager und dem Gleichgewicht in senkrechter Richtung

$$A = l \int_0^1 \int_0^{\bar{\xi}} q \, \mathrm{d}\bar{\xi}\,\mathrm{d}\bar{\xi}\,, \qquad B = l \int_0^1 q \, \mathrm{d}\bar{\xi} - A\,.$$

$\overline{13}$	$\overline{14}$	$\overline{15}$
$q_g l \cdot 10^{-1}$	$q_g l \cdot 10^{-1}$	$q_g l^2 10^{-2}$
N_0	Q	M
-6,915	+2,129	0
-5,764	+1,532	1,395
-4,815	+0,985	2,300
-4,054	+0,486	2,780
-3,466	+0,037	2,970
-3,037	-0,364	2,875
-2,753	-0,717	2,570
-2,600	-1,020	2,100
-2,564	-1,279	1,500
-2,632	-1,494	0,795
-2,792	-1,675	0
-2,971	-1,330	-0,754
-3,105	-0,977	-1,340
-3,194	-0,630	-1,758
-3,242	-0,302	-2,010
-3,256	0	-2,093
-3,244	+0,272	-2,01
-3,215	+0,513	-1,758
-3,174	+0,725	-1,34
-3,126	+0,910	-0,754
-3,074	+1,072	0

Formeln zu Tabelle 4.1:

$$A = q_g l^2 \frac{\lambda^2}{4} \frac{1}{l} \, \overline{7}_{\,\bar{\xi}=1} = q_g l^2 \frac{\lambda^2}{4} \frac{1068,00}{l} = q_g l \frac{0,05^2}{4} 1068,00$$

$$= q_g l \cdot 10^{-1} \cdot 6,675 \ ,$$

$$B = q_g l \left(\frac{\lambda}{2} \, \overline{6}_{\,\bar{\xi}=1} - \frac{\lambda^2}{4} \, \overline{7}_{\,\bar{\xi}=1} \right)$$

$$= q_g l \left(\frac{0,05}{2} 33,4 - \frac{0,05^2}{4} 1068,0 \right) = q_g l \cdot 10^{-1} \cdot 1,675 \ ,$$

$$H = \frac{M_{0g}}{f} = q_g l \frac{l}{f} \cdot 10^{-2} \, \overline{12}_{\,\bar{\xi}=0,5}$$

$$= q_g l \frac{10}{3} \frac{8,375}{100} = q_g l \cdot 10^{-1} \cdot 2,792 \ .$$

$$Q_0 = A - q_g l \frac{\lambda}{2} \, \overline{6} = q_g l \frac{\lambda}{2} \left(\frac{\lambda}{2} \, \overline{7}_{\,\bar{\xi}=1} - \overline{6} \right)$$

$$= q_g l \frac{\lambda}{2} \left(\frac{0,05}{2} 1068,00 - \overline{6} \right) = q_g l \frac{\lambda}{2} \left(26,7 - \overline{6} \right) \ ,$$

$$M_0 = A l \bar{\xi} - q_g l^2 \frac{\lambda^2}{4} \, \overline{7} = q_g l^2 \frac{\lambda}{4} \left(1068,00 \, \bar{\xi} - \overline{7} \right) \ ,$$

$$N = -Q_0 \sin\alpha - H \cos\alpha = -q_g l \cdot 10^{-1} \left(\overline{11} \cdot \overline{3} + 2,792 \cdot \overline{4} \right) \ ,$$

$$Q = Q_0 \cos\alpha - H \sin\alpha = + q_g l \cdot 10^{-1} \left(\overline{11} \cdot \overline{4} - 2,792 \cdot \overline{3} \right) \ ,$$

$$M = M_0 - H_\eta = q_g l^2 \cdot 10^{-2} \left(\overline{12} - 21,92 \cdot \overline{1} \right) \ .$$

H folgt aus der Bedingung, daß das Biegemoment im Scheitelgelenk verschwinden muß:

$$M_g = 0 = M_{0g} - H f, \qquad H = \frac{M_{0g}}{f} \ .$$

4.2.3 Schnittgrößen

Für das Biegemoment galt $M = M_0 - H \eta$; für Längskraft und Querkraft ergibt sich folgendes. Die senkrechten Kräfte allein liefern eine Querkraft Q_0, die an einer Schnittstelle ebenfalls senkrecht wirkt. Q_0 ist damit für den Dreigelenkbogen gleichwertig einem Längskraftanteil $-Q_0 \sin\alpha$ und einem Anteil der Querkraft Q von $Q_0 \cos\alpha$. Hinzu kommt der Einfluß von H, wodurch ein Längskraftanteil $-H \cos\alpha$ und ein Querkraftanteil $-H \sin\alpha$ entsteht. Insgesamt wird

$$N = - Q_0 \sin\alpha - H \cos\alpha \ ,$$

$$Q = \quad Q_0 \cos\alpha - H \sin\alpha \ .$$

Die gesamte Berechnung geht aus Tabelle 4.1 hervor. Die Integrationen sind dabei nach der Trapezregel entsprechend „Statik der Stabtragwerke", Abschnitt 11.2, durchgeführt. Die Gestaltung der Tabelle ist im übrigen sehr ausführlich so erfolgt, wie es etwa bei Benutzung eines Taschencomputers zweckmäßig wäre. Die zugrunde liegenden Formeln sind anschließend an Tabelle 4.1 noch einmal in verständlicher Symbolik angegeben. Die Bilder 4.2b,c,d zeigen eine Auftragung der Schnittgrößen.

Im vorliegenden Fall ist auch eine exakte Rechnung möglich. Dadurch wird eine Beurteilung der Genauigkeit der numerischen Berechnung durchführbar. Für die Auflagerkräfte und das Biegemoment an der Stelle $\bar{\xi} = 0{,}2$, das ungefähr gleich dem maximalen Biegemoment ist, ergeben sich folgende Werte:

1) exakt

$A = 0{,}6667\, q_g\, l\,,$

$B = 0{,}1667\, q_g\, l\,,$

$H = 0{,}2778\, q_g\, l\,,$

$M_{\bar{\xi}=0{,}2} = 0{,}0296\, q_g\, l^2\,,$

2) numerisch berechnet

$A = 0{,}6675\, q_g\, l\,,$

$B = 0{,}1675\, q_g\, l\,,$

$H = 0{,}2792\, q_g\, l\,,$

$M_{\bar{\xi}=0{,}2} = 0{,}0297\, q_g\, l^2\,.$

5 Senkrecht zur Systemebene belastete Tragwerke

5.1 Träger mit gleichmäßig verteilten Strecken-Drehmomenten

Bild 5.1a zeigt im Grund- und Aufriß einen abgeknickten Träger mit Drehmomentenbelastung, der im Punkte a ein festes Gelenklager, im Punkte c ein Scharniergelenk hat. Bei a kann für seitliche Beanspruchung nur eine Lagerkraft, bei b können eine Kraft und ein Drehmoment als Lagerreaktionen auftreten. Das System ist damit statisch bestimmt.

Zur Berechnung der Lagerreaktionen werden drei Bedingungen benutzt: Die Summe der Kräfte in y-Richtung muß verschwinden und das Momentengleichgewicht muß um die Achsen erfüllt sein, welche die Verbindungsgeraden der Punkte a und d bzw. b und d sind. Man erhält

$$A + C = 0\,,$$

$$d^*a \sin\beta + C\,(a\cos\beta - b) = 0\,,$$

$$d^*a \cos\beta + A\,a \sin\beta - D^* = 0\,.$$

Nach Auflösung folgt

$$A = -\,C = d^*\,\frac{a\sin\beta}{a\cos\beta - b}\,, \qquad D^* = d^*a\,\frac{a - b\cos\beta}{a\cos\beta - b}\,.$$

Die Schnittgrößen sind in Bild 5.1b dargestellt, wobei die Ordinaten ausnahmsweise im Aufriß in Richtung der z-Achsen und nicht in Richtung der y-Achsen aufgetragen sind. Die Ermittlung der Schnittgrößen erfolgt in bekannter Weise durch Gleichgewichtsbedingungen an abgeschnittenen Trägerteilen. Eine Kontrolle kann dadurch erfolgen, daß im Punkte b die Erfüllung der „Eckbedingungen" nach „Statik der Stabtragwerke", Gl. (29.3) geprüft wird. Dabei ist $\alpha = 180 - \beta$ zu setzen.

Zu bemerken ist noch, daß das Tragwerk bei $b = a \cos \beta$ unbrauchbar wird, da dann dem Moment aus der Belastung um die Verbindungsachse der Punkte a und c kein Moment aus den Auflagergrößen entgegenwirkt.

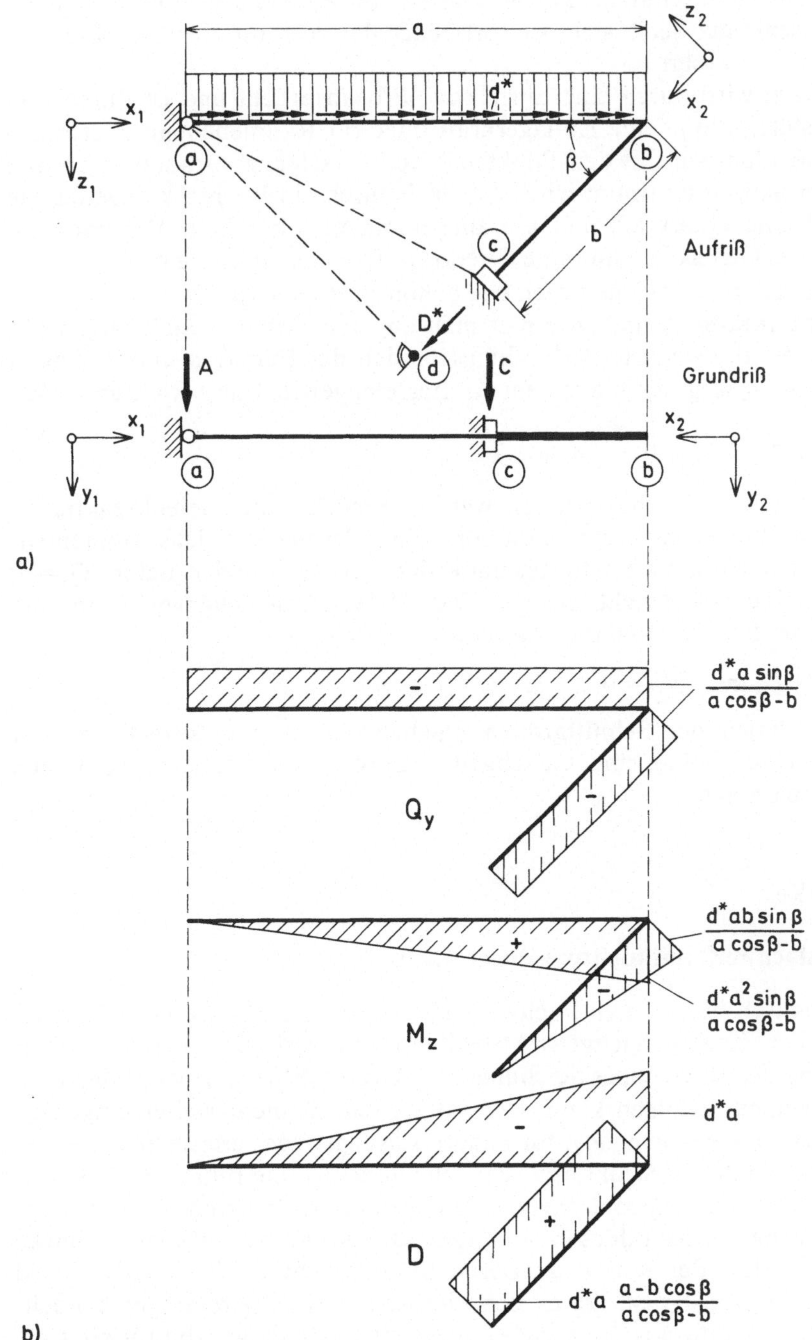

Bild 5.1 a u. b. Träger mit Strecken-Drehmomentenbelastung

5.2 Geschlossener Rechteckrahmen

Bild 5.2a zeigt einen Rahmen, der in axonometrischer Darstellung skizziert ist. Die Rahmenebene ist dabei „horizontal" gelegt, die y-Achse als Beanspruchungsrichtung steht damit senkrecht. Das nur im Punkte a in Bild 5.2b angegebene Achsenkreuz setzt sich so fort, daß der Verlauf der x-Achse den Punkten $a, b \dots f, a$ folgt.

Der Rahmen wird durch eine Einzelkraft P beansprucht und ist durch drei Lager abgestützt, die je eine Auflagerkraft quer zur Rahmenebene übertragen können. Außerdem sind in den Punkten b und e Gelenke vorhanden, so daß der Rahmen statisch bestimmt wird. Das in b durch ein Rechteck angedeutete Gelenk soll eine Querkraft und ein Biegemoment, aber kein Drehmoment übertragen, das Gelenk in e nur eine Querkraft. Die Gelenkkräfte bzw. -momente sind dem Vorzeichen nach wie Schnittgrößen definiert.

Die Auflagerkräfte A_c und A_f erhält man aus dem Momentengleichgewicht um die Achsen, die sich als Verbindungsgeraden der Punkte a und f, bzw. a und c ergeben. A_a folgt dann aus dem Kräftegleichgewicht in y-Richtung. Man erhält

$$A_c = P, \quad A_f = P, \quad A_a = -P.$$

Zur Ermittlung der Schnittgrößen werden zunächst die Gelenkreaktionen berechnet und hierzu das Teilsystem von Bild 5.2b benutzt. Das Momentengleichgewicht um die Verbindungsgerade der Punkte a und c liefert $Q_e = P$ und das Kräftegleichgewicht $Q_b = P$. Das Momentengleichgewicht um die Verbindung der Punkte c und d liefert dann

$$M_b + Q_e\, a - Q_b\, b = 0, \quad M_b = P\,(b - a).$$

Die Zustandslinien der Schnittgrößen ergeben sich nun entsprechend Bild 5.2c. Zum Schluß sollte eine Gleichgewichtsprobe der Kraftgrößen in den Rahmenecken erfolgen.

6 Fachwerke

6.1 Strebenfachwerk mit nichtparallelen Gurten

Bei einem statisch bestimmten Fachwerk können die Stabkräfte grundsätzlich immer aus den Knotengleichgewichtsbedingungen bestimmt werden, wobei die Auflösung der Bedingungsgleichungen elektronisch nach einem allgemein gültigen Programm erfolgen kann. Hierauf sei jedoch nicht weiter eingegangen. Es sollen vielmehr Beispiele für andere Lösungswege besprochen werden, die bei den behandelten Strukturen sehr schnell zum Ziele führen und zumindest bei der Kontrolle elektronischer Rechnungen brauchbar sind.

Bei dem Fachwerk des Bildes 6.1a handelt es sich um den unteren Teil eines Fernleitungsmastes, der von den oberen Systemteilen durch Vertikal- und Horizontalkräfte belastet ist. Da es sich hierbei um einen Kragträger handelt, können die Stabkräfte aus Knotengleichgewichtsbedingungen bestimmt werden, ohne vorher die Auflagerkräfte zu ermitteln. Schreibt man die Gleich-

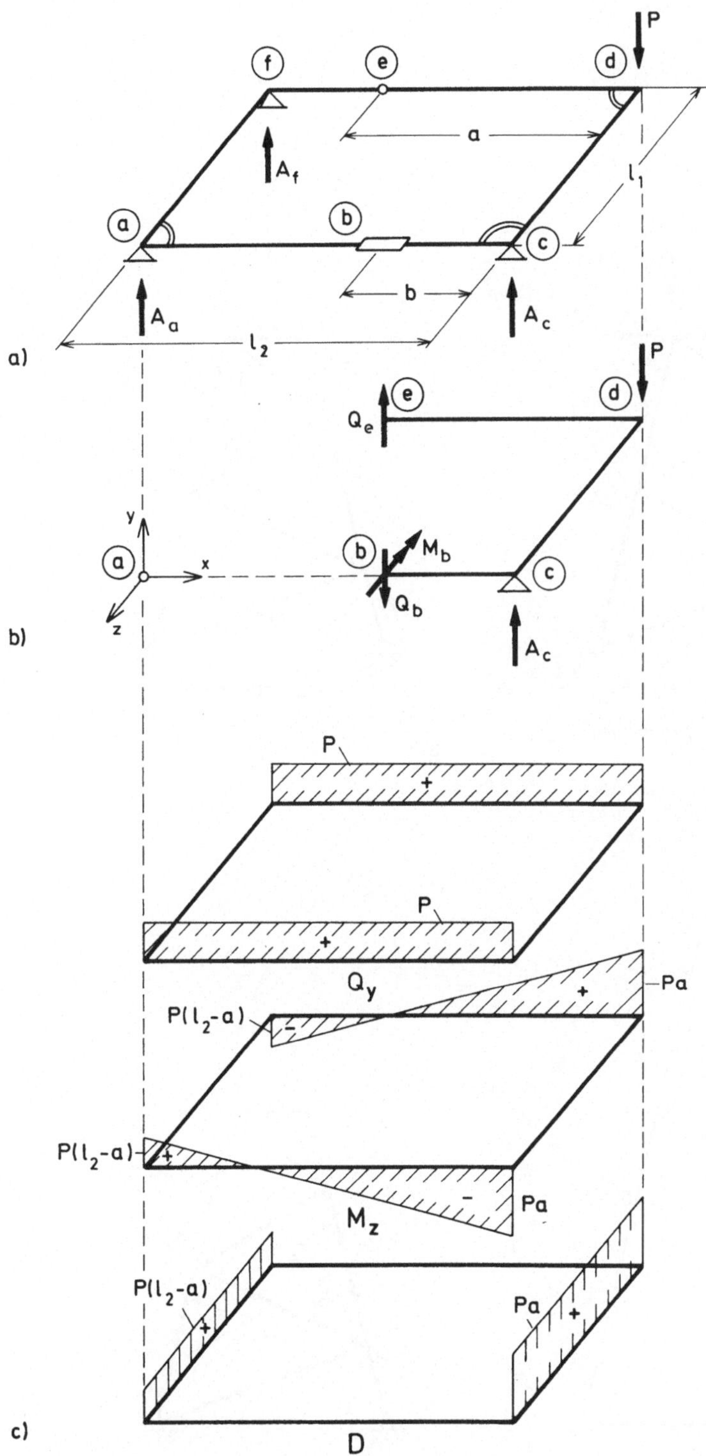

Bild 5.2a–c. Geschlossener Rechteckrahmen

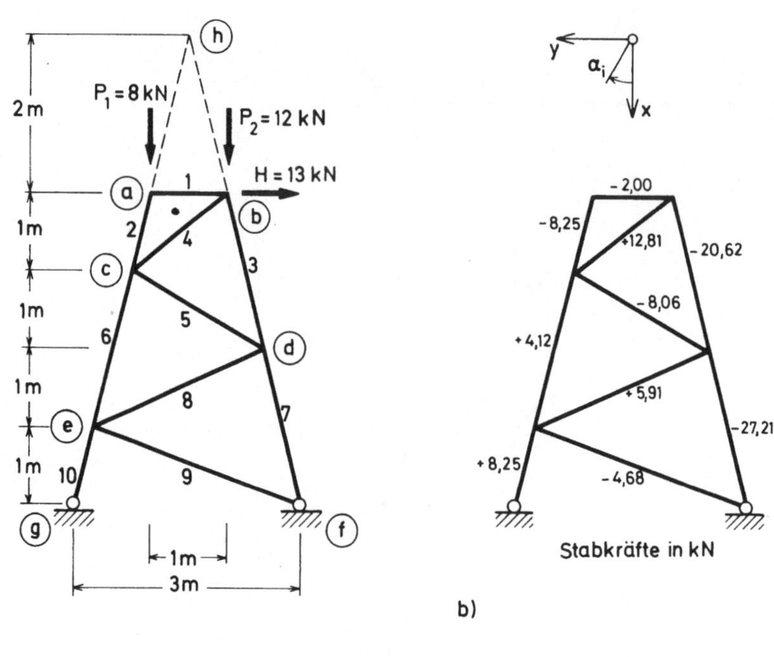

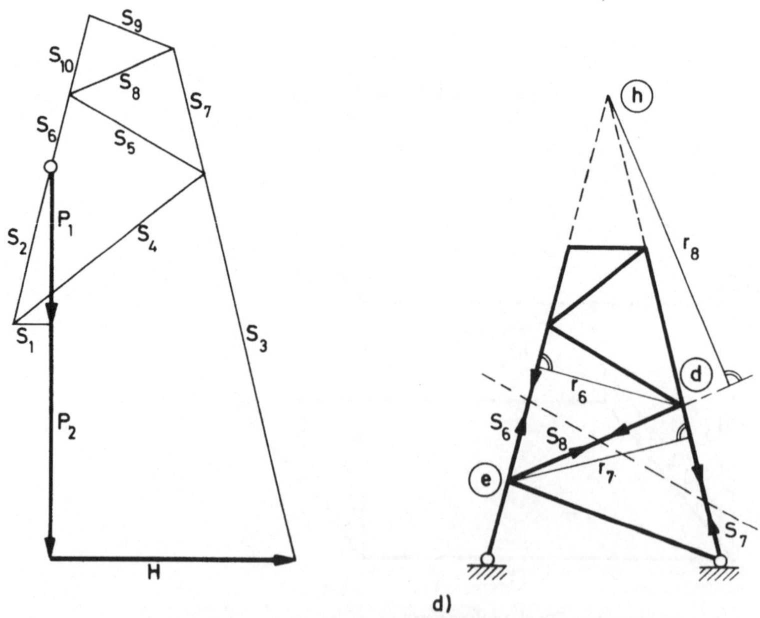

Bild 6.1a−d. Strebenfachwerk mit nichtparallelen Gurten

gewichtsbedingungen der Reihe nach für die in Bild 6.1a angegebenen Knoten a, b, $c \ldots$ an, so ergibt sich mit dem in Bild 6.1b festgelegten Winkel α_i, $i = 1, 2, 3 \ldots$

Knotenpunkt a

$$P_1 + S_1 \cos \alpha_1 + S_2 \cos \alpha_2 = 0 \,,$$

$$S_1 \sin \alpha_1 + S_2 \sin \alpha_2 = 0 \,,$$

Knotenpunkt b

$$- S_1 \cos \alpha_1 + P_2 + S_3 \cos \alpha_3 + S_4 \cos \alpha_4 = 0 \,,$$

$$- S_1 \sin \alpha_1 - H + S_3 \sin \alpha_3 + S_4 \sin \alpha_4 = 0 \,,$$

Knotenpunkt c

$$- S_2 \cos \alpha_2 - S_4 \cos \alpha_4 + S_5 \cos \alpha_5 + S_6 \cos \alpha_6 = 0 \,,$$

$$- S_2 \sin \alpha_2 - S_4 \sin \alpha_4 + S_5 \sin \alpha_5 + S_6 \sin \alpha_6 = 0$$

und so fort für die weiteren Knoten. Man erhält damit ein Gleichungssystem, das sukzessiv aufgelöst werden kann, da für jeden neuen Knoten zwei Gleichungen mit zwei Unbekannten zur Verfügung stehen. Zum Beispiel wird mit $\alpha_1 = 270°$, also $\cos \alpha_1 = 0$ und $\sin \alpha_1 = -1$,

$$S_2 = - \frac{P_1}{\cos \alpha_2} \,, \qquad S_1 = S_2 \sin \alpha_2 \quad \text{usw.}$$

Die sukzessive Stabkraftermittlung entspricht der graphischen Auflösung der Knotengleichgewichtsbedingungen nach dem Cremonaplan. Dieser ist in Bild 6.1c dargestellt und ist als einfache Handskizze zur Kontrolle der Größenordnung der Stabkräfte zweckmäßig.

Eine Kontrolle kann auch durch einen Ritterschnitt nach Bild 6.1d erfolgen. Zu den Stäben S_6, S_7 und S_8 gehören die Momentenbezugspunkte d, e und h mit den Momenten

$$M_d = \quad 2\,H - 1{,}50\,P_1 - 0{,}50\,P_2 = \quad\;\; 8\,\text{kN\,m} \,,$$

$$M_e = \quad 3\,H + 0{,}75\,P_1 + 1{,}75\,P_2 = \quad 66\,\text{kN\,m} \,,$$

$$M_h = - 2\,H - 0{,}50\,P_1 + 0{,}50\,P_2 = - 24\,\text{kN\,m}$$

und den Hebelarmen

$$r_6 = 1{,}94\,\text{m} \,, \quad r_7 = 2{,}425\,\text{m} \,, \quad r_8 = 4{,}06\,\text{m} \,.$$

Man erhält damit

$$S_6 = \quad \frac{8}{1{,}94} = \quad\;\; 4{,}12\,\text{kN} \,,$$

$$S_7 = - \frac{66}{2{,}425} = - 27{,}21\,\text{kN} \,,$$

$$S_8 = - \frac{-24}{4{,}06} = + \;\; 5{,}91\,\text{kN} \,.$$

Bei dem dargestellten System ist zu bemerken, daß alle Diagonalen denselben Momentenbezugspunkt haben.

6.2 Strebenfachwerk mit parallelen Gurten

Bei einem Schnitt durch ein beliebiges Feld des Fachwerks von Bild 6.2a ergeben sich die Stabkräfte U, O und D zu

$$U = + \frac{M_\mathrm{i}}{h}, \quad O = - \frac{M_\mathrm{k}}{h}, \quad D = - \frac{Q}{\pm \sin \alpha}.$$

M_i und M_k sind dabei die Biegemomente eines einfachen Balkens von der Stützweite des wirklichen Fachwerkträgers für die Projektionen der Punkte i und k auf den Balken; Q ist die Querkraft in dem Feld, das durch die Projektionen von i und k begrenzt wird (Bild 6.2b,c). Das positive Vorzeichen bei $\sin \alpha$ gilt für von links nach rechts steigende, das negative für fallende Diagonalen. Die Vertikalstabkräfte folgen aus den Gleichgewichtsbedingungen für die Knoten, in denen nur ein Vertikalstab und zwei Gurtstäbe zusammenstoßen. Dabei treten Nullstäbe immer dann auf, wenn an dem betreffenden Knoten keine Lasten angreifen. Die Stabkräfte für das System von Bild 6.2a sind in der Tabelle 6.1 zusammengestellt.

Tabelle 6.1. Stabkräfte in kN für das System von Bild 6.2a

Stab	O	U	D	V
0				-15
1	-15	0	$+15\sqrt{2}$	0
2	-15	$+30$	$-15\sqrt{2}$	0
3	-29	$+30$	$-\sqrt{2}$	0
4	-29	$+28$	$+\sqrt{2}$	0
5	-27	$+28$	$-\sqrt{2}$	-8
6	-27	$+18$	$+9\sqrt{2}$	0
7	-9	$+18$	$-9\sqrt{2}$	0
8	-9	0	$+9\sqrt{2}$	-9

Für eine Struktur nach Bild 6.2d lassen sich die Kräfte in den Vertikalstäben ebenfalls aus der Querkraft des einfachen Balkens ableiten. Es wird

$$V_\mathrm{n} = - Q,$$

was aus dem in Bild 6.2d eingezeichneten Schnitt folgt.

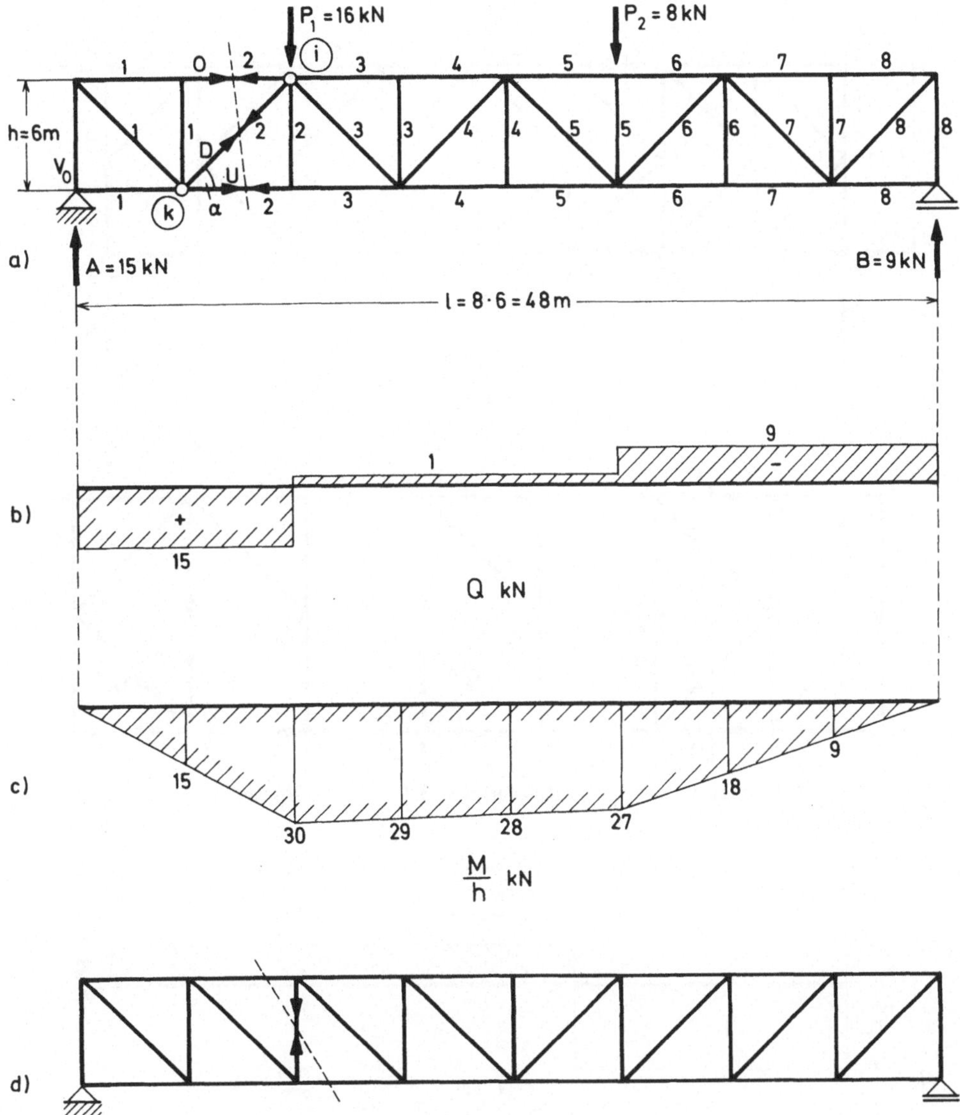

Bild 6.2a–d. Strebenfachwerk mit parallelen Gurten

6.3 K-Fachwerk

Bei einem Schnitt durch das Fachwerk von Bild 6.3a werden immer vier Stäbe getroffen, so daß das Rittersche Schnittverfahren scheinbar nicht angewendet werden kann. Legt man jedoch den angegebenen Schnitt I–I, so schneiden sich von den vier getroffenen Stäben jeweils drei im Punkt i oder im Punkt k. Die Momentengleichgewichtsbedingungen für diese Punkte liefern dann wie bei dem System von Bild 6.2a die Gurtkräfte

$$U = \frac{M_i}{h}, \qquad O = -\frac{M_k}{h}.$$

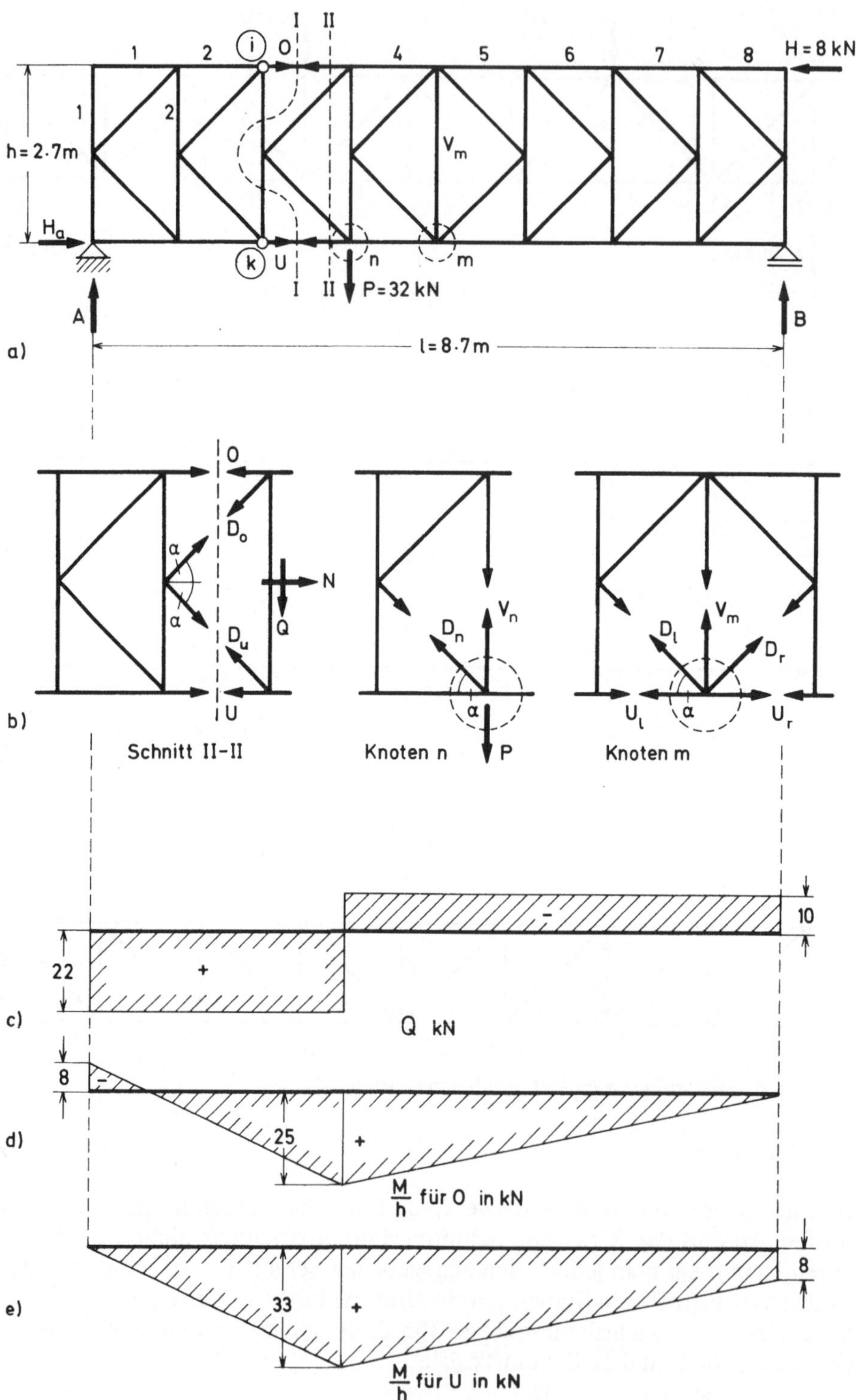

Bild 6.3a–e. K-Fachwerk

Ebenfalls wird es wieder möglich, M_i und M_k als Biegemomente eines entsprechenden einfachen Balkens zu deuten. Dabei ist allerdings zu beachten, daß außer senkrechten Lasten auch die Horizontalkräfte H und H_a wirken. Diese Wirkung ist aber für die Punkte i und k verschieden, so daß auch unterschiedlich belastete Balken verwendet werden müssen. Für die Stabkraft U, die aus M_i folgt, kommt ein Balken in Frage, der am linken Ende mit dem Moment $-H_a h$ belastet ist; für M_k und damit für den Punkt k muß der Balken mit dem Moment $H h$ am rechten Ende belastet werden (Bild 6.3 d, e). Lediglich bei nur senkrechten Lasten würde *ein* Balken genügen.

Nach Ermittlung der Gurtkräfte können die Stabkräfte in den Diagonalen aus dem Schnitt II–II von Bild 6.3 a, b gewonnen werden. Man erhält, wenn $N = -H$ die Längskraft des Balkens ist,

$$Q = (D_u - D_o) \sin \alpha, \qquad N = O + U + (D_u + D_o) \cos \alpha$$

oder

$$D_u = \frac{N - O - U}{2 \cos \alpha} + \frac{Q}{2 \sin \alpha}, \qquad D_o = \frac{N - O - U}{2 \cos \alpha} - \frac{Q}{2 \sin \alpha}.$$

Die Stabkräfte in den Vertikalstäben werden nach Bild 6.3 b, Knoten n, aus dem Gleichgewicht in senkrechter Richtung bestimmt. Es wird

$$V_n = P - D_n \sin \alpha.$$

Aus Bild 6.3 b, Knoten m, folgt, daß für den mittleren Vertikalstab

$$V_m = -(D_l + D_r) \sin \alpha$$

gilt. Dabei ist V_m nur dann von Null verschieden, wenn in den Endknoten des Stabes vertikale Lasten angreifen, da anderenfalls $D_l = -D_r$ wird.

Die Stabkräfte des Systems von Bild 6.3 a sind in Tabelle 6.2 zusammengestellt.

Tabelle 6.2. Stabkräfte in kN für das System von Bild 6.3 a

Stab	O	U	D_o	D_u	V_o	V_u
1	0	-8	$-11\sqrt{2}$	$+11\sqrt{2}$	0	-22
2	-11	$+3$	$-11\sqrt{2}$	$+11\sqrt{2}$	$+11$	-11
3	-22	$+14$	$-11\sqrt{2}$	$+11\sqrt{2}$	$+11$	-11
4	-33	$+25$	$+5\sqrt{2}$	$-5\sqrt{2}$	$+11$	$+21$
5	-23	$+15$	$-5\sqrt{2}$	$+5\sqrt{2}$	$+5$	-5
6	-18	$+10$	$-5\sqrt{2}$	$+5\sqrt{2}$	$+5$	-5
7	-13	$+5$	$-5\sqrt{2}$	$+5\sqrt{2}$	$+5$	-5
8	-8	0	$-5\sqrt{2}$	$+5\sqrt{2}$	$+5$	-5

6.4 Rautenträger

Das Rautenfachwerk von Bild 6.4a läßt sich in einfacher Weise berechnen, wenn man das Gesamtsystem in zwei Teilsysteme nach Bild 6.4b und c aufspaltet. Man beginnt mit einer Gleichgewichtsbetrachtung des aus dem Gesamtsystem herausgeschnittenen Knotens c. Die hier eingeleitete Lagerkraft $B = 4\,\mathrm{kN}$ muß sich jeweils zur Hälfte in die beiden Diagonalen absetzen, wodurch die Stabkräfte $2\,\sqrt{2}\,\mathrm{kN}$ in der von c aus fallenden Diagonalen und $-2\,\sqrt{2}\,\mathrm{kN}$ in der steigenden Diagonalen hervorgerufen werden. Diese beiden Stabkräfte können nun in ihrem Verlauf in den Teilsystemen weiterverfolgt werden. Dabei ist es nicht etwa erforderlich, einen Cremonaplan zu zeichnen, sondern nur, ihn sich vorzustellen, um zu den in Bild 6.4d angegebenen Stabkräften zu kommen.

Daß sich der Kräftezustand des Gesamtsystems aus der Überlagerung der Teilsysteme richtig ergibt, folgt daraus, daß im Gleichgewicht befindliche Kräftegruppen am starren Körper überlagert werden können.

6.5 Raumfachwerk

Bild 6.5 zeigt eine Kuppel, die 5 Ringe und 12 in Meridianrichtung verlaufende aus je 4 Stützen bestehende Träger besitzt. Die trapezförmigen Felder sind durch weitere Stäbe so ausgesteift, daß für jedes Feld ein ebenes Fachwerk entsteht. In Bild 6.5b ist die Aussteifung dünn gezeichnet und für nur einige Sektoren als Beispiel angegeben. Für die Berechnung sei angenommen, daß sämtliche Knoten als ideal reibungsfreie Gelenke ausgebildet sind. Die Knoten des Fußringes seien in vertikaler Richtung unverschieblich und in der Fußebene in einer Richtung verschieblich gelagert. Das System ist damit statisch bestimmt, worauf in Abschnitt 7.1 näher eingegangen wird.

Hier sei nur der Fall untersucht, daß die Belastung lediglich aus senkrechten Einzellasten besteht, die in den Meridianknoten angreifen und rotationssymmetrisch verteilt sind. Die Stabkräfte der Ausfachung werden dann aus Symmetriegründen sämtlich zu Null; die Stabkräfte in den Ringen sind jeweils konstant. Für einen beliebigen Knotenpunkt i $(i = 1, 2, 3 \ldots)$ erhält man aus den Gleichgewichtsbedingungen in vertikaler und horizontaler Richtung mit den Bezeichnungen von Bild 6.5

$$P_i - S_i \sin \alpha_i + S_{i+1} \sin \alpha_{i+1} = 0 \,,$$

$$2\,S_{\mathrm{R}i} \sin \beta + S_i \cos \alpha_i - S_{i+1} \cos \alpha_{i+1} = 0 \,.$$

Da $S_0 = 0$ ist, können die beiden Gleichungen sukzessiv wie bei einem Cremonaplan aufgelöst werden, wenn in der Kuppelspitze begonnen wird. Zum Beispiel erhält man die in Tabelle 6.3 angegebenen Stabkräfte für die dort gewählten Lasten P.

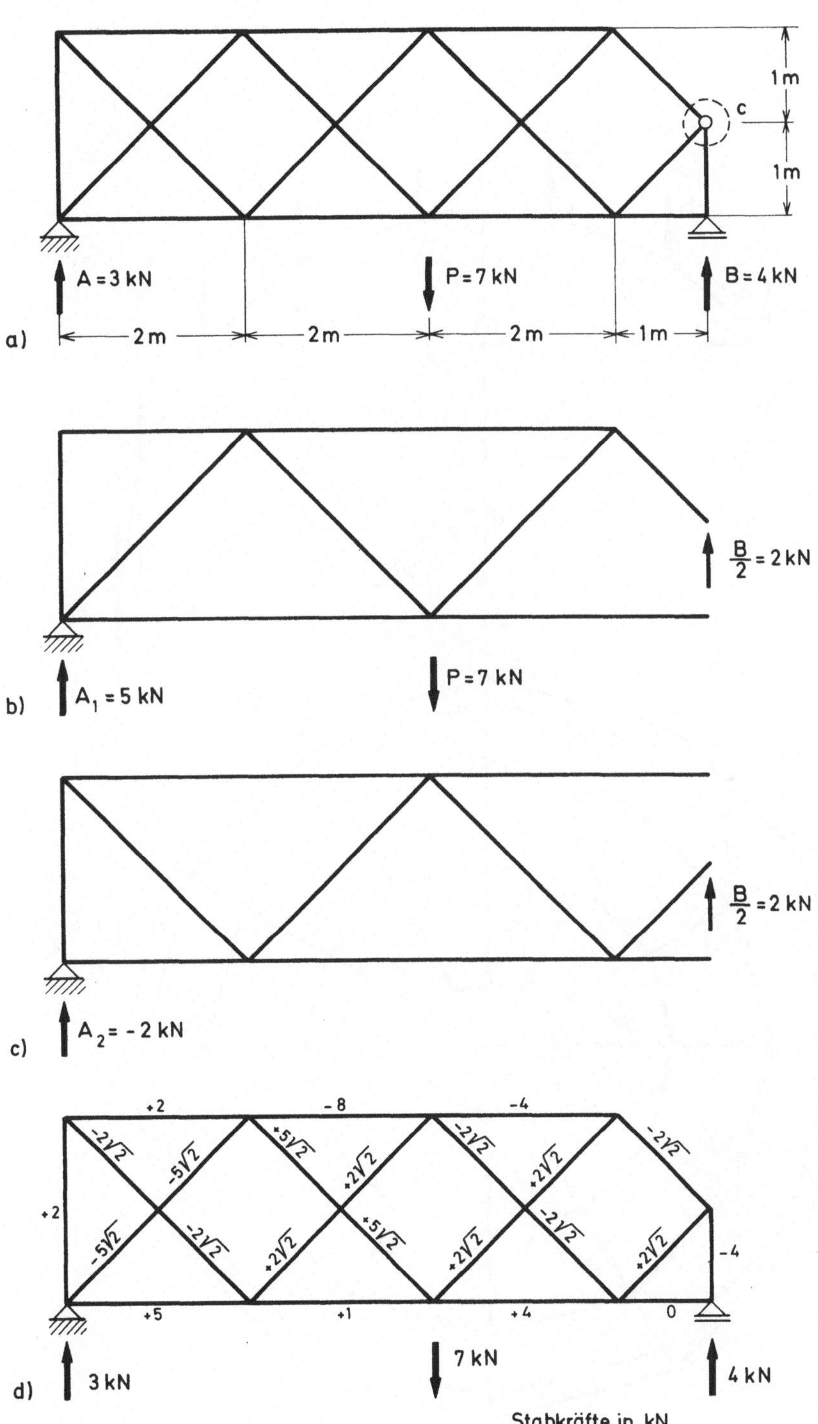

Bild 6.4a–d. Rautenfachwerk

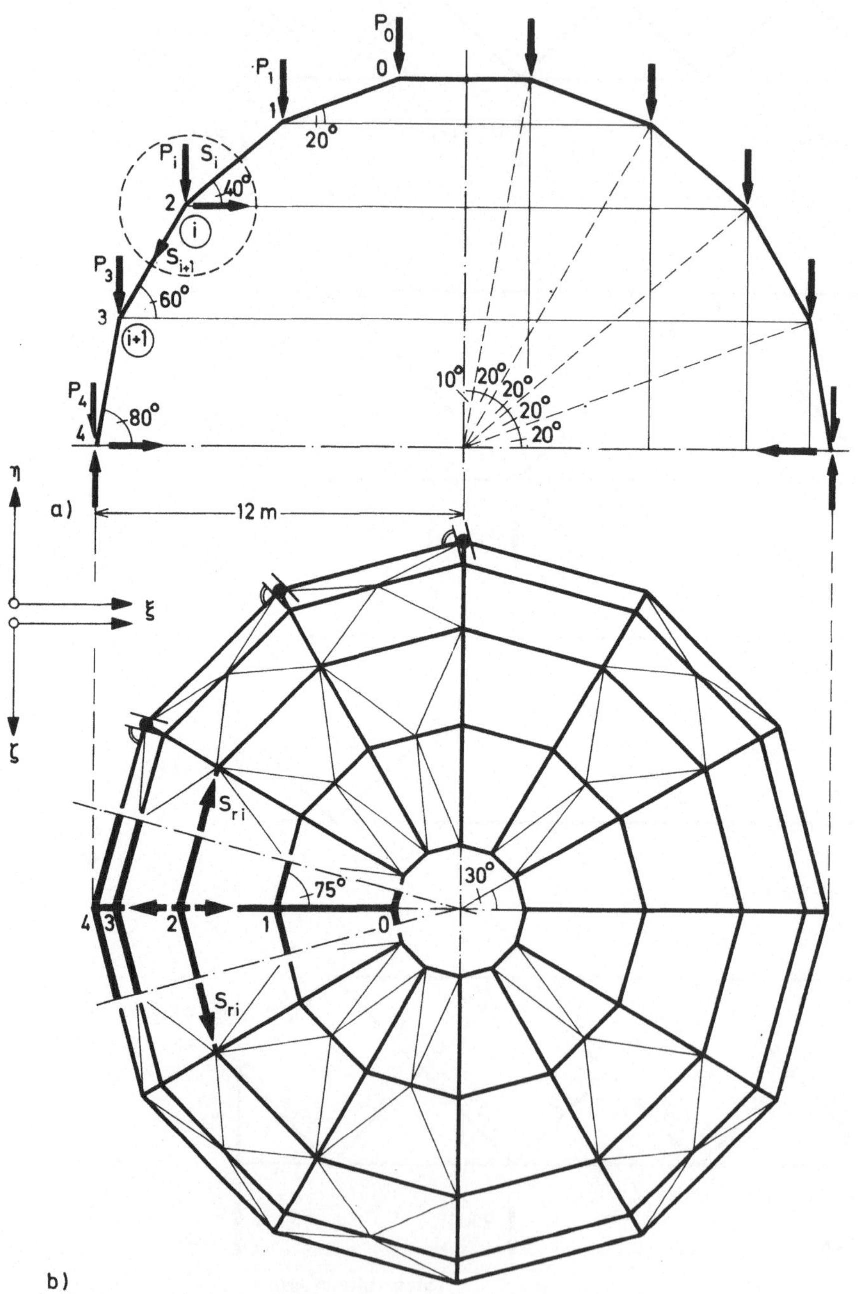

Bild 6.5 a u. b. Fachwerkkuppel

Tabelle 6.3. Lasten und Stabkräfte in kN für die Kuppel von Bild 6.5

Knoten i	P_i	S_i	S_{Ri}
0	14	–	– 74,3
1	16	– 40,9	+ 5,2
2	20	– 46,7	+ 13,3
3	24	– 57,7	+ 30,6
4	13	– 75,1	+ 25,2
A		87,0	

7 Statische Bestimmtheit und Ausnahmefall

7.1 Kuppel von Bild 6.5

Denkt man sich bei der im vorigen Abschnitt behandelten Kuppel die Aussteifung der von den Meridianstäben und Ringen gebildeten Trapeze jeweils durch lediglich eine Diagonale ersetzt, so entsteht eine Schwedlerkuppel. Diese ist bekanntlich als Fachwerk mit ideal reibungsfreien Knoten räumlicher Bewegungsmöglichkeit statisch bestimmt, wenn die Lagerung senkrecht zur Fußringebene unverschieblich und in dieser Ebene in einer Richtung beweglich ist. Die Vermeidung des Ausnahmefalls verlangt allerdings, daß die Bewegungsrichtung weder tangential noch radial zu dem die Fußringknoten verbindenden Kreis sein darf. Im ersten Fall würde nämlich eine Rotation der Kuppel um ihre Achse erfolgen können. Die Unzulässigkeit der radialen Lagerbeweglichkeit kann genauso nachgewiesen werden, wie es in „Statik der Stabtragwerke", Abschnitt 27, für einen Fußring quadratischer Gestalt geschehen ist.

Wird nur die Aussteifung der Schwedlerkuppel durch die Ausfachung von Bild 6.5 b ersetzt, so ändert sich hinsichtlich der statischen Bestimmtheit nichts: Es ist die Anzahl der

$$\text{Auflagerreaktionen} \quad a = 12 \cdot 2 \,,$$

$$\text{Stäbe} \quad r = 12 \cdot 19 \,,$$

$$\text{Knotenpunkte} \quad k = 12 \cdot 7 \,.$$

Damit wird $a + r = 3\,k$.

Für das wirkliche Verhalten des Systems darf man jedoch nicht vergessen, daß die räumliche Bewegungsmöglichkeit der Knoten nur eine Annahme zur Rechenvereinfachung ist und in Wirklichkeit alle Knotenanschlüsse biegesteif ausgeführt sind. Berücksichtigt man dieses, so könnte man z.B. darauf verzichten, alle zwischen den Meridianträgern liegenden Sektoren auszusteifen und, wie es auf der rechten Seite von Bild 6.5 b angedeutet ist, die Aussteifung auf insgesamt vier Sektoren begrenzen. Selbstverständlich ist dann ein mehrfach statisch unbestimmtes System unter Ansatz der Biegesteifigkeit der Stäbe zu untersuchen. Bei räumlichen Fachwerken ist es im übrigen häufig notwendig, den Unterschied zwischen idealem Gelenkfachwerk — auch wenn dieses statisch bestimmt ist — und wirklichem System zu beachten.

7.2 Ebener Fachwerkträger

Das System von Bild 7.1a ist den Abzählbedingungen nach statisch bestimmt, da die Anzahl der

Auflagerreaktionen	$a =$	$6\,,$
Stäbe	$r =$	$46\,,$
Knotenpunkte	$k =$	26

ist und folglich $a + r = 2\,k$ wird. Die Frage, ob der Ausnahmefall vorliegt, wird in Bild 7.1a durch Ermittlung des Polplans beantwortet. Für die Scheiben I, VII, VIII sind die Absolutpole wegen der festen Auflager von vornherein bekannt. Die Relativpole (I, IV) und (IV, VII) liegen in horizontaler Richtung im Unendlichen. Es folgt damit (IV) und weiter ergeben sich nacheinander (II), (III), (V) und (VI). Da also kein Widerspruch im Polplan vorliegt, ist das System verschieblich.

Dieses Ergebnis läßt sich auch mit der Konstruktion einer F'-Figur nach Bild 7.1b gewinnen. Der Verschiebungsvektor des Punktes 1, der senkrecht auf dem Polstrahl von 1 stehen muß, wird zuerst gewählt. Nach Drehung des Vektors um 90° ist 1′ festgelegt. Alle weiteren Punkte der F'-Figur ergeben sich in bekannter Weise durch Parallelenkonstruktion und aus der Bedingung, daß sie auf den entsprechenden Polstrahlen liegen müssen.

Am einfachsten folgt die Verschieblichkeit aus der Methode der Stabvertauschung. Nach Bild 7.1c werden die Pendelstütze in Systemmitte und die horizontale Auflagerkomponente entfernt und zur Aussteifung der beiden Gelenkvierecke des Tragwerks verwendet. Es entsteht dann ein übersichtlicher Fachwerkrahmen, dessen Lagerung der eines Balkens auf zwei Stützen entspricht. Belastet man dieses System mit den Kräften $1 \cdot X_a$ und $1 \cdot X_b$, so läßt sich an entsprechenden Ritterschnitten sofort feststellen, daß infolge $1 \cdot X_b$ die Stabkräfte $\bar{S}_{a,b} = \bar{S}_{b,b} = 0$ werden. Die Koeffizientendeterminante der beiden Gleichungen für X_a und X_b wird dann ebenfalls zu Null, wodurch die Verschieblichkeit gegeben ist.

Bei der Methode der Stabvertauschung erkennt man im übrigen sofort, daß der Ausnahmefall nur eintritt, wenn die beiden Lagerpunkte in einer Höhe liegen. Verwendet man also ein System nach Bild 7.1d, so muß es sich als unverschieblich herausstellen. Das ist durch den Polplan in Bild 7.1d nachgewiesen. Beginnt man ihn genauso wie in Bild 7.1a, so ergibt sich bei Bestimmung von (IV) ein Widerspruch, da hierfür drei geometrische Örter (in Bild 7.1d mit GO bezeichnet) vorhanden sind, die sich nicht in einem Punkt schneiden.

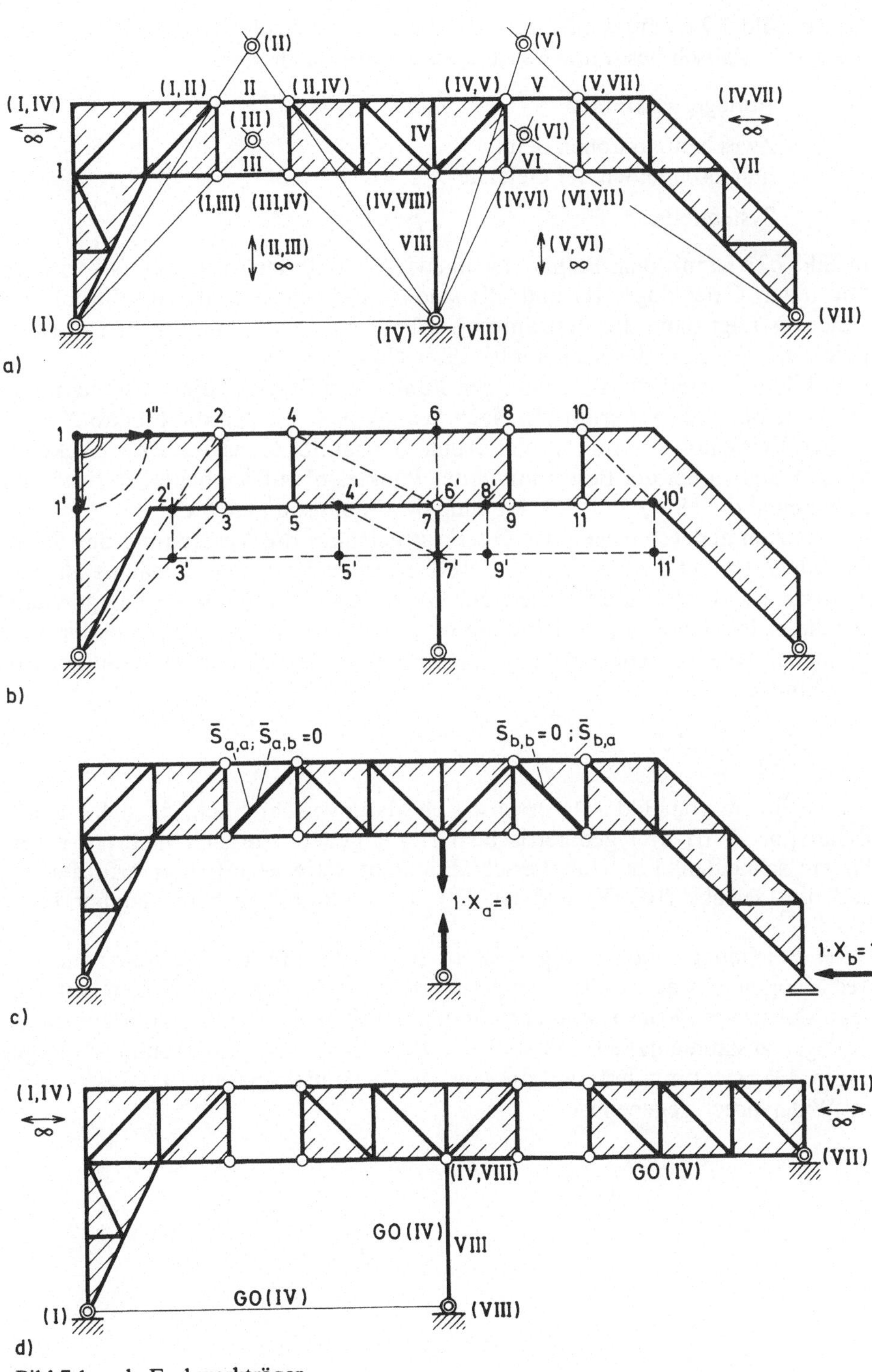

Bild 7.1 a–d. Fachwerkträger

7.3 Rahmentragwerk

Das in Bild 7.2a dargestellte Rahmentragwerk ist nach der Abzählbedingung $a + z = 3p$ statisch bestimmt. Es ist nämlich die Anzahl der

$$\text{Auflagerreaktionen} \qquad a = 4 \,,$$

$$\text{Zwischenreaktionen beim}$$
$$\text{Durchschneiden der Gelenke} \qquad z = 4 \cdot 2 \,,$$

$$\text{Systemteile} \qquad p = 4 \,.$$

In Bild 7.2a ist mit dem Polplan nachgewiesen, daß der Ausnahmefall vorliegt: Die festen Gelenklager (I) und (II) sind von vornherein als Absolutpole bekannt. Es folgt dann die Bestimmung aller Relativpole. Die übrigen Absolutpole ergeben sich in der Reihenfolge ihrer Numerierung.

In Bild 7.2b sind für alle wichtigen Punkte des Systems die Verschiebungen mit Hilfe der F'-Figur ermittelt. Nach Wahl von 1' werden die Punkte 2' bis 8' in der Reihenfolge ihrer Numerierung bestimmt. Gewisse Schwierigkeiten treten lediglich bei der Bestimmung des Punktes 6' auf. Dabei ist zu beachten, daß einmal die Horizontalverschiebung des Punktes 6 gleich der des Punktes 4 ist und zum anderen wegen des Querkraftgelenkes die Verdrehung der Scheibenteile 2−6 und 4−5 gleich sein muß. Daraus erhält man zunächst als geometrischen Ort für 6' die Parallele zur Geraden 4−5 durch 4'. Die Lage von 6' auf dieser Parallelen ergibt sich dann wegen der gleichen Verdrehung der oben genannten Scheibenteile aus den der F'-Figur zu entnehmenden Ähnlichkeitsverhältnissen

$$\frac{2' - 6'}{2 - 6} = \frac{4' - 5'}{4 - 5} \,.$$

Das System von Bild 7.2c erweist sich als unverschieblich, da sich für den Relativpol (I, II) drei geometrische Örter ergeben, die sich nicht in einem Punkte schneiden. Für eine Verschieblichkeit wäre es offenbar erforderlich, daß die Gelenke (III, IV) und (II, IV) wie in Bild 7.2a,b in gleicher Höhe lägen.

Bei Zeichnung einer F'-Figur ist in Bild 7.2d die Verschiebung zur Abwechslung anders als in Bild 7.2b gerade so gewählt, daß 1' im linken Auflager liegt. Die weitere Konstruktion ergibt dann, daß auch 2' und 6' mit dem linken Auflager zusammenfallen und daß die Punkte 3', 4', 5' im rechten Auflager liegen. Man stellt nun fest, daß die Gerade 1'−3' nicht parallel 1−3 ist, womit ein Widerspruch gegeben ist.

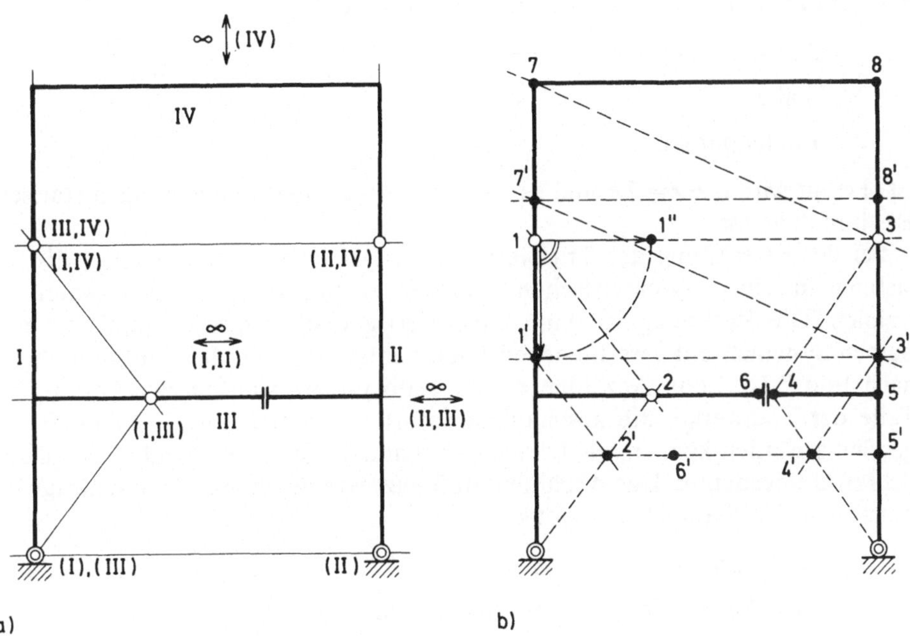

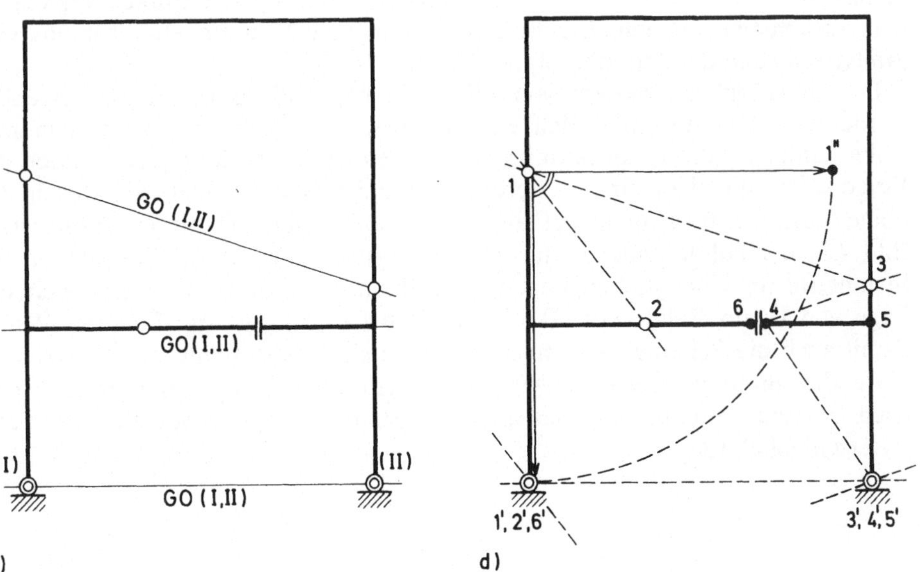

Bild 7.2 a–d. Rahmentragwerk

7.4 Symmetrisches Fachwerk

Bei Fachwerken mit einer Symmetrieachse ist es gelegentlich schon durch Abzählen möglich zu entscheiden, ob der Ausnahmefall vorliegt oder nicht. Das Bild 7.3 a zeigt ein Fachwerk, für das die Anzahl der

$$\begin{aligned}
\text{Auflagerreaktionen} \quad &a = \ 4 \,, \\
\text{Stäbe} \quad &r = 42 \,, \\
\text{Knotenpunkte} \quad &k = 23
\end{aligned}$$

ist. Damit wird $a + r = 2\,k$ und es liegt den Abzählbedingungen nach statische Bestimmtheit vor.

Bei der Berechnung des Tragwerks ist es fast immer zweckmäßig, die Belastung in einen symmetrischen und einen antisymmetrischen Anteil zu trennen. Die Rechnung ist dann gleichwertig einer Untersuchung von zwei halben Systemen mit verschiedenen Lagerbedingungen in der Symmetrieachse nach Bild 7.3 b. Beim Abzählen beider Halbsysteme werden zweckmäßig die Teile der Tragwerke, die anschaulich sofort als in sich unverschieblich eingeschätzt werden können, als Scheiben behandelt. Sie sind in Bild 7.3 b durch Schraffur angedeutet. Das Abzählen muß jetzt wie bei einem Rahmentragwerk geschehen. Für Symmetrie ergibt sich

$$\begin{aligned}
\text{Auflagerkräfte} \quad &a = 5 \,, \\
\text{Zwischenreaktionen} \quad &z = 10 \cdot 2 = 20 \,, \\
\text{Systemteile} \quad &p = 8 \,.
\end{aligned}$$

Damit wird $a + z - 3\,p = 1$ und das System einfach statisch unbestimmt. Für Antisymmetrie gilt für z und p dasselbe wie bei Symmetrie; es wird aber $a = 3$. Damit ist $a + z - 3\,p = -1$ und das betreffende Halbsystem einfach verschieblich. Zusammen mit dem Ergebnis für Symmetrie bedeutet dies für das Gesamtsystem, daß der Ausnahmefall vorliegt.

Das ursprüngliche System von Bild 7.3 a kann allerdings dann verwendet werden, wenn es ausschließlich eine symmetrische Belastung zu tragen hat, wobei einfach statisch unbestimmt zu rechnen ist. Es ist dann jedoch noch die Frage offen, ob nicht eine weitere Verschieblichkeit vorliegt, die durch das obige Abzählen noch nicht geklärt ist. Zur Beantwortung dieser Frage ist in Bild 7.3 c der Polplan angedeutet. Die Absolutpole (V) und (VIII) müssen bei Symmetrie im Unendlichen liegen. Von II und V ausgehend ergibt sich die Lage von IV im Relativpol (IV, V). Dies bedeutet, daß die Scheibe V und damit auch die Scheibe VIII unverschieblich sind. Nun kann anschaulich mit Hilfe des Bildungsgesetzes „zwei Stäbe schließen einen Knotenpunkt an" nachgewiesen werden, daß das ganze System für symmetrische Belastung unverschieblich ist.

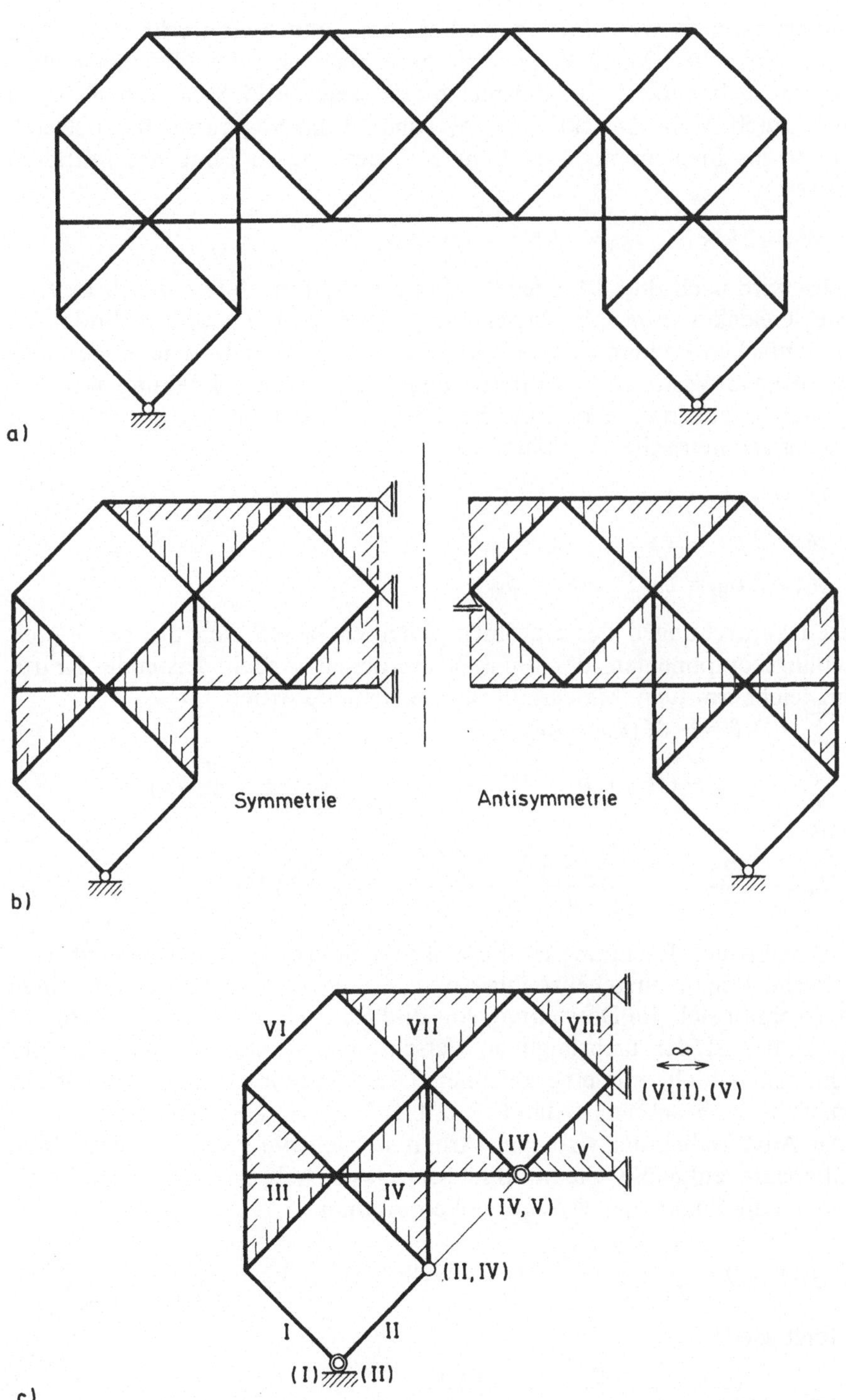

Bild 7.3 a—c. Symmetrisches Fachwerk

8 Ermittlung von Schnittgrößen mit der Kinematik

Gelegentlich kann es wesentlich einfacher sein, eine Schnittgröße mit dem Prinzip der virtuellen Verrückungen zu berechnen, als die Gleichgewichtsbedingungen zu benutzen. Ein Beispiel hierzu zeigt Bild 8.1 a. Ein Rahmen wird hier durch Wind-Druckkräfte W_D und Wind-Sogkräfte W_S belastet. Gesucht sei das Biegemoment im Punkte m am oberen Ende des mittleren Stiels. Es sei

$$W_D = 2\,\text{kN}\,, \qquad W_S = 5\,\text{kN}\,, \qquad a = 2\,\text{m}\,.$$

Zunächst wird nach Bild 8.1 b der Polplan ermittelt, nachdem durch Einführung eines Gelenkes in m eine zwangläufige kinematische Kette gebildet ist. Von dem einfachen Polplan sind in Bild 8.1 b nur die Absolutpole eingezeichnet. Als virtuelle Verrückung wird für den Stab III eine Drehung um den Winkel $\psi_{III} = \psi$ angenommen. Für die übrigen Scheiben ergibt sich dann aufgrund der geometrischen Verhältnisse

$$\psi_V = 4\,\psi_{III} = 4\,\psi\,,$$

$$\psi_{IV} = 2\,\psi_{III} = 2\,\psi\,,$$

$$\psi_{VI} = 2\,\psi_{III} = 2\,\psi\,; \qquad \psi_{IV} = \psi_{VI}\,.$$

Mit diesen Verdrehungen der einzelnen Scheiben lassen sich die benötigten Verschiebungskomponenten der Punkte, in denen Arbeit leistende Kräfte angreifen, leicht ermitteln. Man erhält für die virtuelle Arbeit

$$\sum A_v = 0 = -M\,(\psi_{III} + \psi_V) -$$
$$- (W_D + W_S)\left(\sqrt{2}\,a\,\psi_{IV} + \frac{a}{2\sqrt{2}}\,\psi_V - \frac{1}{2}\,\frac{3\,a}{2\sqrt{2}}\,\psi_V\right),$$

und damit

$$M = \frac{(2 + 5)\,2\,(2\,\sqrt{2} + \sqrt{2} - \frac{3}{2}\sqrt{2})}{1 + 4} = -\frac{21}{5}\,\sqrt{2}\,\text{kN}\,\text{m}\,.$$

Bei der bisherigen Rechnung ist die F'-Figur überhaupt nicht benutzt worden. Verwendet man umgekehrt nur die F'-Figur und verzichtet auf einen Polplan, so ergibt sich die Darstellung von Bild 8.1 c. Hierbei wird $7 - 7'$ zu $a/2$ gewählt. Dabei ist der ursprüngliche Verschiebungsvektor im Interesse der Übersichtlichkeit nicht mit eingezeichnet. Die F'-Figur läßt sich nun leicht angeben, wobei zu beachten ist, daß 6, 7, 8, 11, 12, 10 nur *eine* Scheibe bilden.

Für das Anschreiben der virtuellen Arbeit werden die zwei Momente M in die Kräftepaare aufgelöst, die in Bild 8.1 c gestrichelt gezeichnet sind. Als Momente um die Punkte der F'-Figur bekommt man

$$\sum A_v = 0 = \frac{M}{2\,a}\left(\frac{a}{2} + a + a\right) + (W_D + W_S)\left(\frac{a}{2}\,\sqrt{2} + \frac{a}{2\sqrt{2}} - \frac{a}{2}\,\frac{3}{2}\,\sqrt{2}\right).$$

Daraus folgt wieder

$$M = \frac{(2 + 5)\,2\,(2\,\sqrt{2} + \sqrt{2} - \frac{3}{2}\sqrt{2})}{5} = -\frac{21}{5}\,\sqrt{2}\,\text{kN}\,\text{m}\,.$$

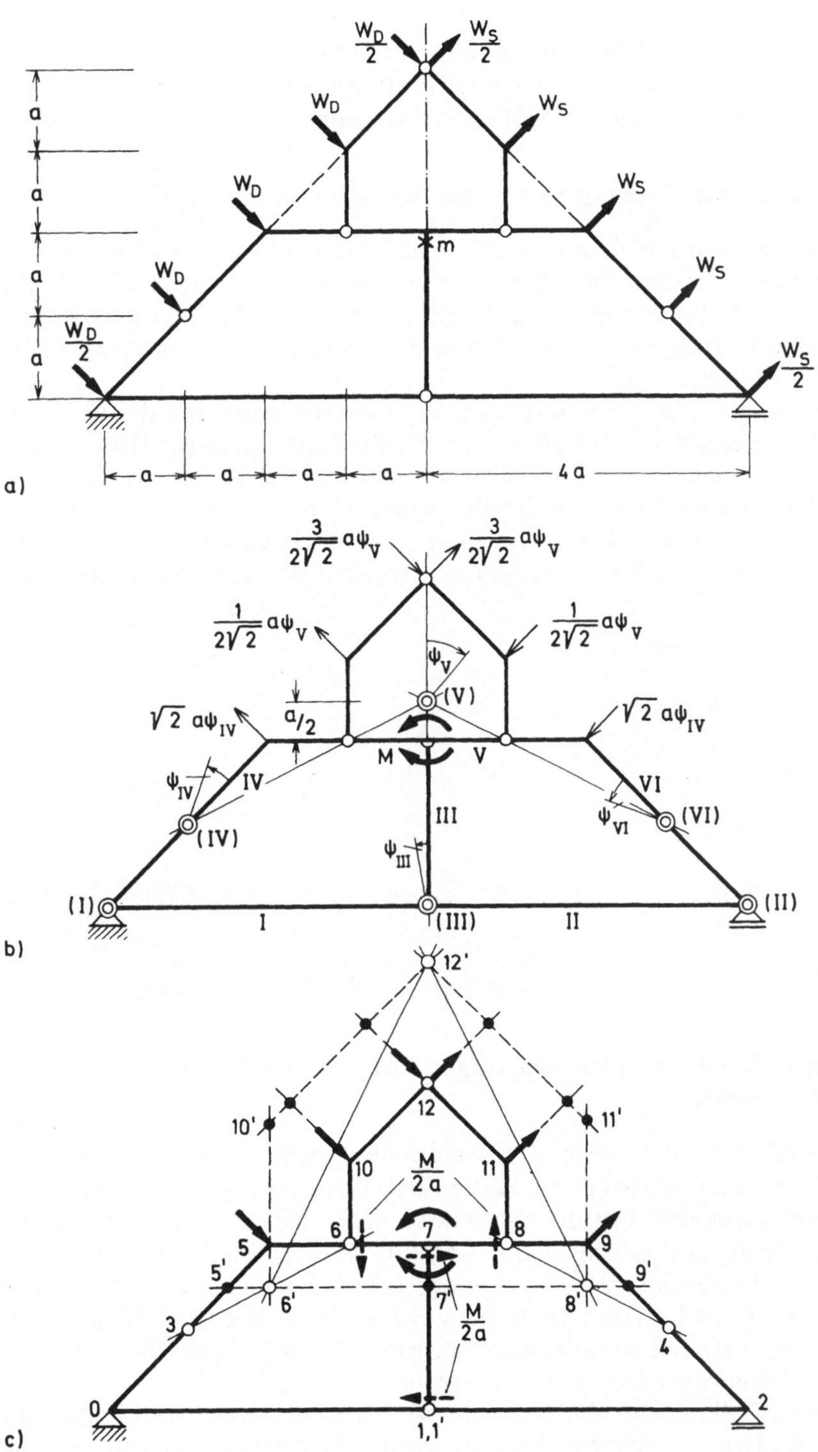

Bild 8.1 a–c. Ermittlung einer Schnittgröße mit der Kinematik

9 Einflußlinien

Bei den folgenden Beispielen wird darauf verzichtet, stets die Anwendung aller
möglichen Methoden zur Ermittlung der Einflußlinien zu zeigen. In der Regel
wird nur das jeweils geeignetste Verfahren angegeben.

9.1 Gelenkträger mit Schrägstützen. Einflußlinien für Auflagerkräfte

Bei dem System von Bild 9.1a sollen die Einflußlinien für die Auflagerkräfte A
und B ermittelt werden. Bild 9.1b,c zeigt zunächst die kurz als „A-Linie"
bezeichnete Einflußlinie für A. Sie wurde mit dem Polplan und dem Prinzip
der virtuellen Verrückung bestimmt, wonach in Richtung der statischen Größe
der Wert -1 auftreten muß.

Aus Bild 9.1d,e geht die Einflußlinie für B hervor. Aufgrund der kinemati-
schen Methode ergibt sich sofort, daß die Einflußlinie durch ein Dreieck nach
Bild 9.1e dargestellt wird. Zur Maßstabsfestlegung wird die Ordinate im
Punkt b statisch berechnet: Aus der Bedingung, daß für den von den Schrägstützen abgeschnittenen oberen Systemteil das Verschwinden des Biegemomentes im Gelenk gewährleistet sein muß, ergeben sich die beiden Gleichungen

$$A \cdot 12 + \frac{B}{2} \cdot 4 = 0 \,,$$

$$C \cdot 10 + \frac{B}{2} \cdot 4 = 0 \,.$$

Daraus folgt

$$A = -\frac{1}{6} B \,, \quad C = -\frac{1}{5} B \,.$$

Aus dem Kräftegleichgewicht für das ganze System in vertikaler Richtung
ergibt sich schließlich

$$A + B + C - 1 = 0 \,, \quad -\frac{1}{6} B + B - \frac{1}{5} B = 1 \,, \quad B = \frac{30}{19} \,.$$

9.2 Dreigelenkrahmen mit Schleppträger. Einflußlinien für Querkraft und Längskraft

Bei dem in Bild 9.2a dargestellten Dreigelenkrahmen mit angehängtem ein-
fachem Balken sind für den Punkt m die Einflußlinien für Querkraft und Normalkraft zu bestimmen. Für die Querkraft werden zunächst nach Einführung
eines „Querkraftgelenkes" in m die Absolutpole der Scheiben I, II und III
ermittelt. Die Einflußlinien im Bereich der Scheiben I und II können dann als
Linien eines „Ersatzbalkens" gefunden werden, der sich nach Bild 9.2c zwischen den Polen (I) und (II) erstreckt. Der Rest der Einflußlinie folgt aus kine-
matischen Gründen wie in Bild 9.2d dargestellt.

Bei der Einflußlinie für die Normalkraft N_m wird zuerst wie bei der Q_m-
Linie kinematisch vorgegangen. Da das „Normalkraftgelenk" keinen Knick in
der Einflußlinie erlaubt, setzt sich diese aus nur drei Linien zusammen und

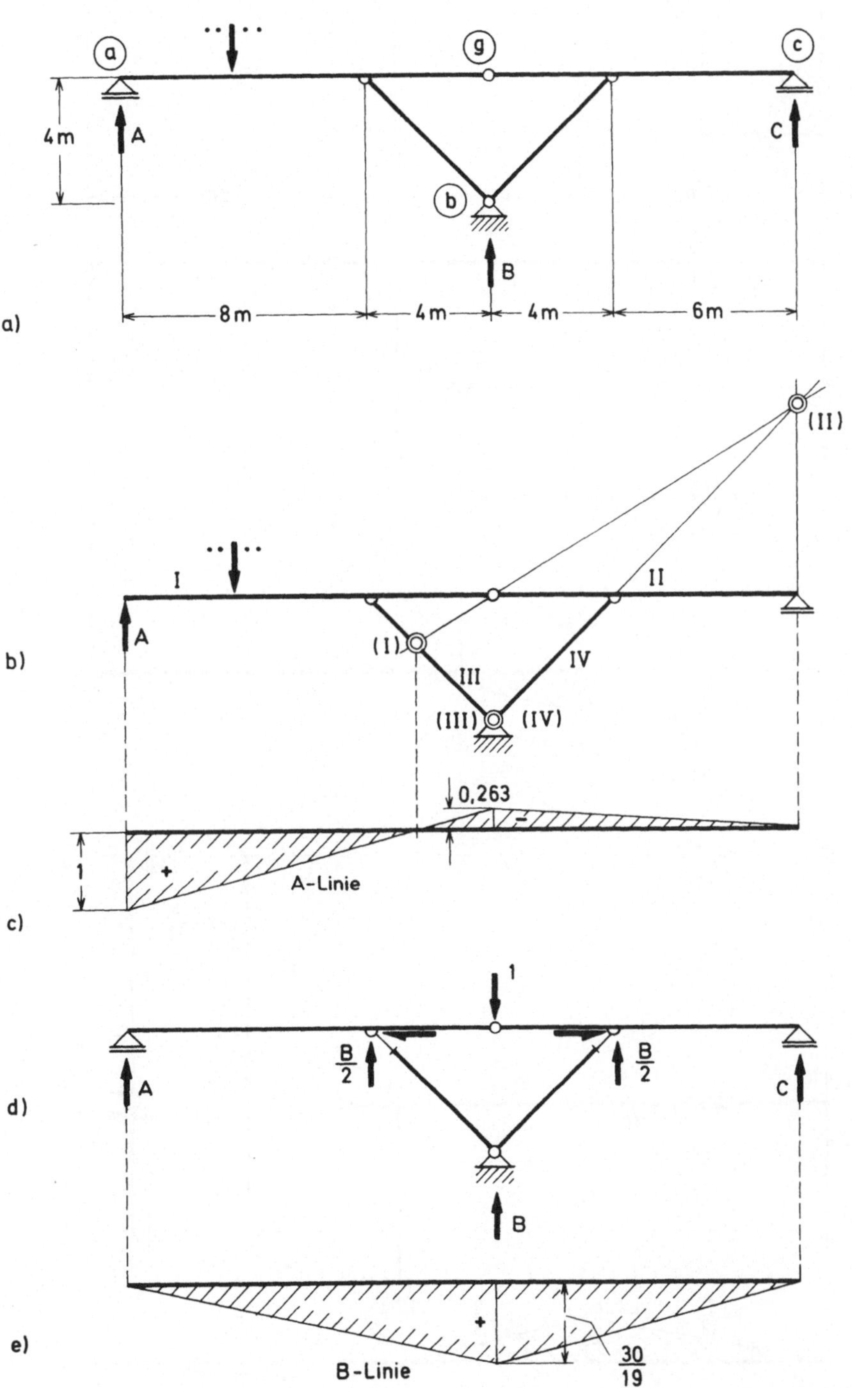

Bild 9.1 a−e. Gelenkträger mit Schrägstützen. Einflußlinien für Auflagerkräfte

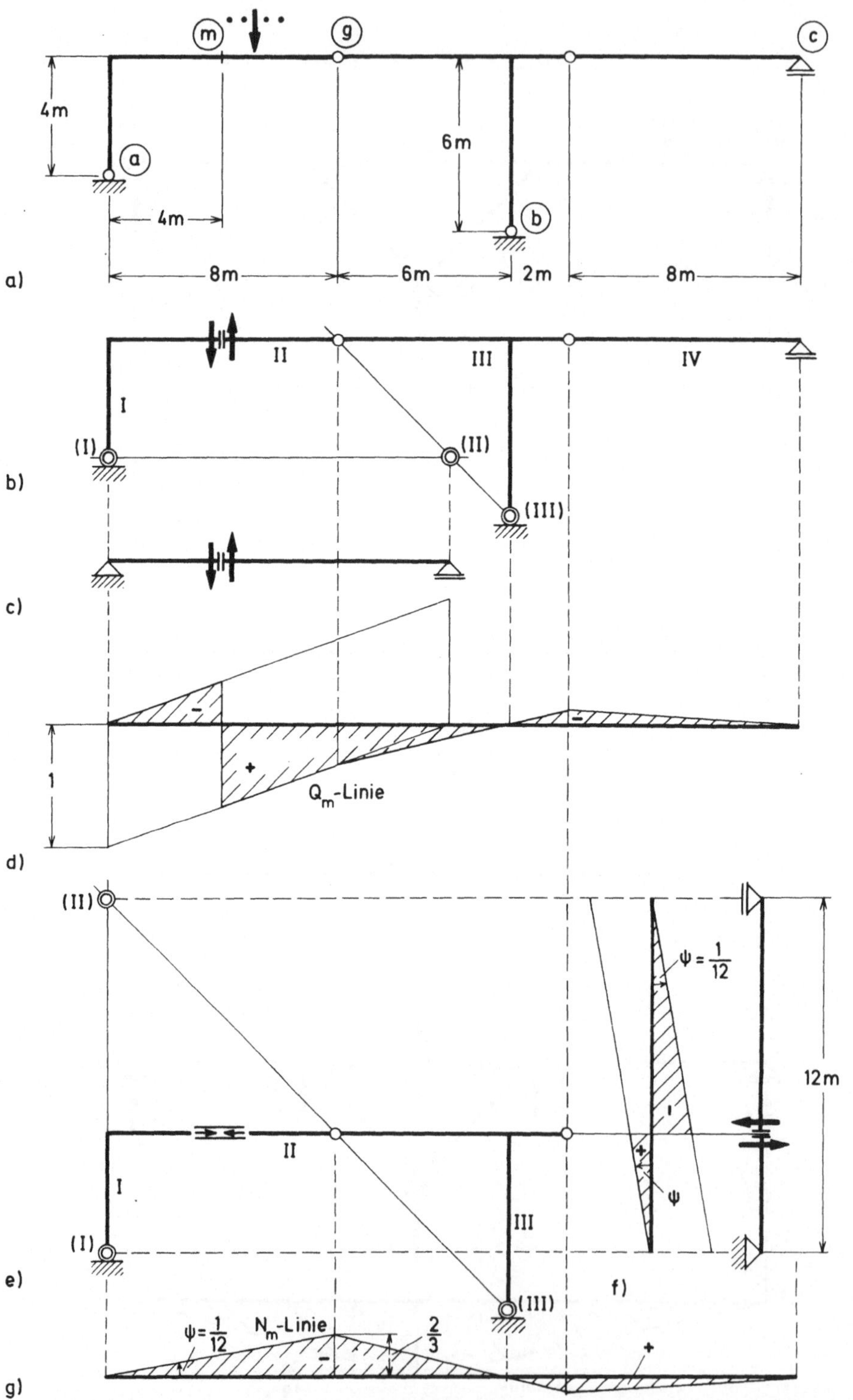

Bild 9.2a−g. Dreigelenkrahmen mit Schleppträger. Einflußlinien für Querkraft und Längskraft

kann nach Bild 9.2 g qualitativ sofort angegeben werden. Der Maßstab ist dann wieder durch Berechnung der einen Ordinate im Gelenk g des Dreigelenkrahmens zu ermitteln. Diese einfache statische Rechnung, auf deren Durchführung hier verzichtet sei, liefert den Wert $-2/3$.

Im Endergebnis genauso einfach — wenn auch mit einiger Vorüberlegung — läßt sich die Aufgabe auch ganz mit der Kinematik erledigen. Als Schwierigkeit tritt dabei die Tatsache auf, daß die beiden Absolutpole (I) und (II) senkrecht übereinander liegen. Ein stellvertretender Balken läßt sich also hier nicht angeben, da seine Stützweite zu Null wird. Es ist jedoch möglich, den Verschiebungszustand -1 am Ort der Längskraft N_m sichtbar zu machen, wenn man zunächst voraussetzt, daß die Last nicht horizontal über den Träger wandert, sondern senkrecht zur Stabachse des linken Stiels. Es kommt dann der in Bild 9.2 f angedeutete „stellvertretende" Balken in Frage, wobei aus dem Längskraftgelenk jetzt ein Querkraftgelenk wird. Die zugehörige Einflußlinie läßt sich leicht angeben. Bei dieser Darstellung sind alle Verschiebungen, die infolge der Verschiebung -1 auftreten, ungeändert geblieben und nur in falscher Richtung projiziert. Von der Projektionsrichtung unabhängig ist aber der Winkel, um den sich eine Scheibe dreht. Der Winkel ψ in Bild 9.2 f, der die Drehung der Scheiben I und II kennzeichnet, ist dann gleich $1/12$. Dieser Wert läßt sich auf die Normalkraft-Einflußlinie übertragen und liefert unter dem Gelenk g wieder die schon auf anderem Wege ermittelte Ordinate $-1/12 \cdot 8 = -2/3$.

9.3 Gelenkträger mit Schrägstützen. Einflußlinien für Biegemomente

Es sei noch einmal das System von Abschnitt 9.1 betrachtet und die Einflußlinie für das Biegemoment im Gelenkträger an der Stelle m nach Bild 9.3 a ermittelt. Die zugehörige kinematische Kette mit Polplan ist in Bild 9.3 b und die Einflußlinie für M_m in Bild 9.3 c angegeben. Besondere Schwierigkeiten entstehen hierbei nicht. Die Einflußlinie ist durch den Winkel -1 festgelegt. Die angegebenen Ordinaten ergeben sich aus Dreiecksproportionen.

Eine etwas andere Fragestellung ist in Bild 9.3 d beantwortet. Hier soll nicht eine Vertikalkraft, sondern eine Horizontallast über den Träger wandern. Gesucht sei nach wie vor das Biegemoment in m. Zunächst kann festgestellt werden, daß die kinematische Verschiebungsfigur für das System von Bild 9.3 a ungeändert erhalten bleibt. Es ändert sich nur im Prinzip der virtuellen Verrückungen die Arbeit der wandernden Last Eins und das nur insofern, als jetzt die horizontale und nicht die vertikale Komponente der Gesamtverschiebung der einzelnen Punkte in Frage kommt. Wählt man für den Punkt a im Einklang mit der Lage des Polstrahls eine Verschiebung und dreht sie um $90°$, so folgt nach der Parallelenkonstruktion, daß alle zum Träger a, g, c gehörenden Punkte der F'-Figur auf der in Bild 9.3 d gestrichelt angegebenen Parallelen zur Trägerachse liegen müssen. Das Moment einer horizontalen Kraft Eins in bezug auf diese Punkte ist also für jeden Punkt dasselbe. Die Einflußlinie ist also eine Konstante. Zu ermitteln ist nur noch deren Größe. Hierzu muß man davon ausgehen, daß zwar die Verschiebung einer Scheibe vom Ort und von der Projektionsrichtung abhängig ist, der Drehwinkel aber

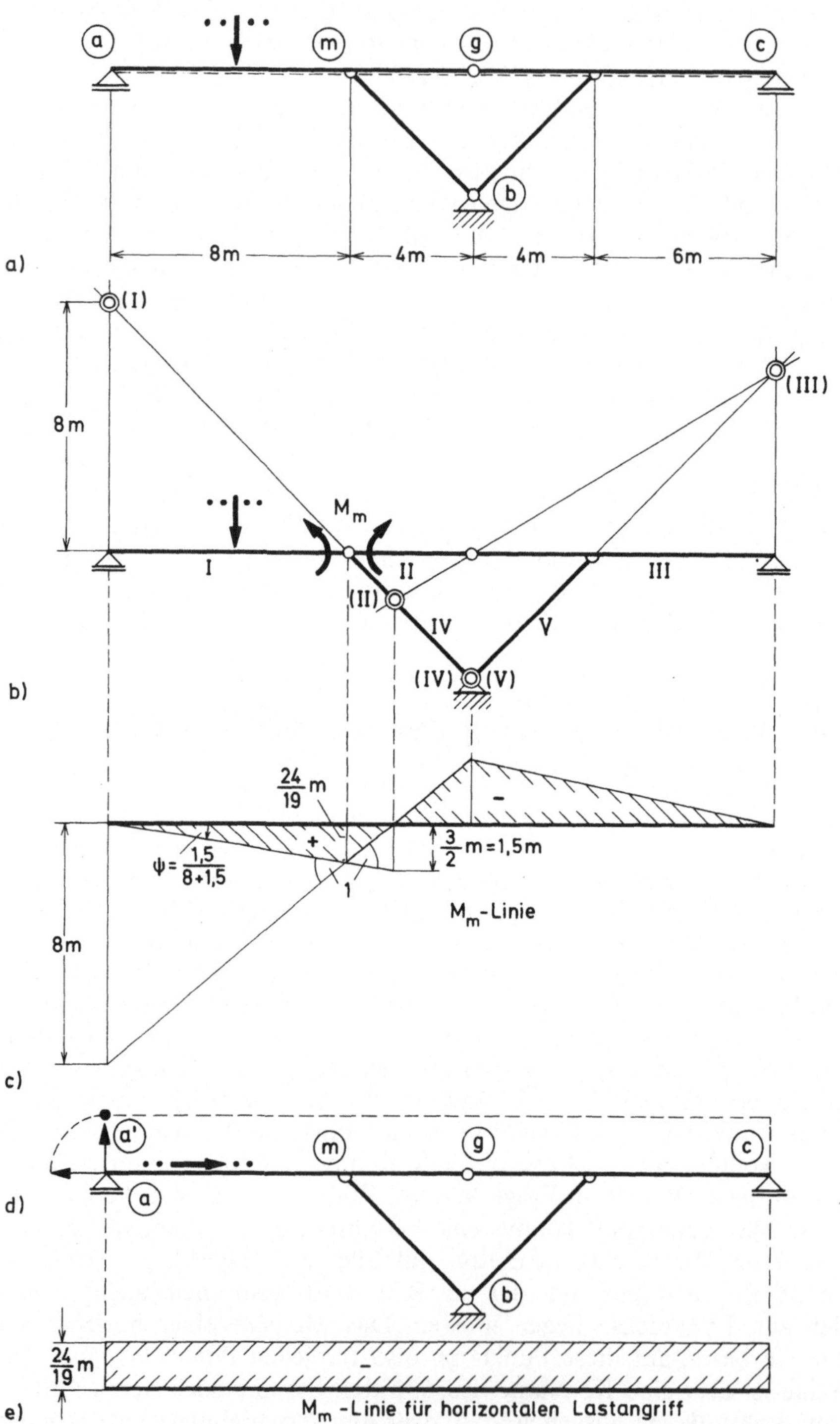

Bild 9.3a–e. Gelenkträger mit Schrägstützen. Einflußlinien für Biegemomente

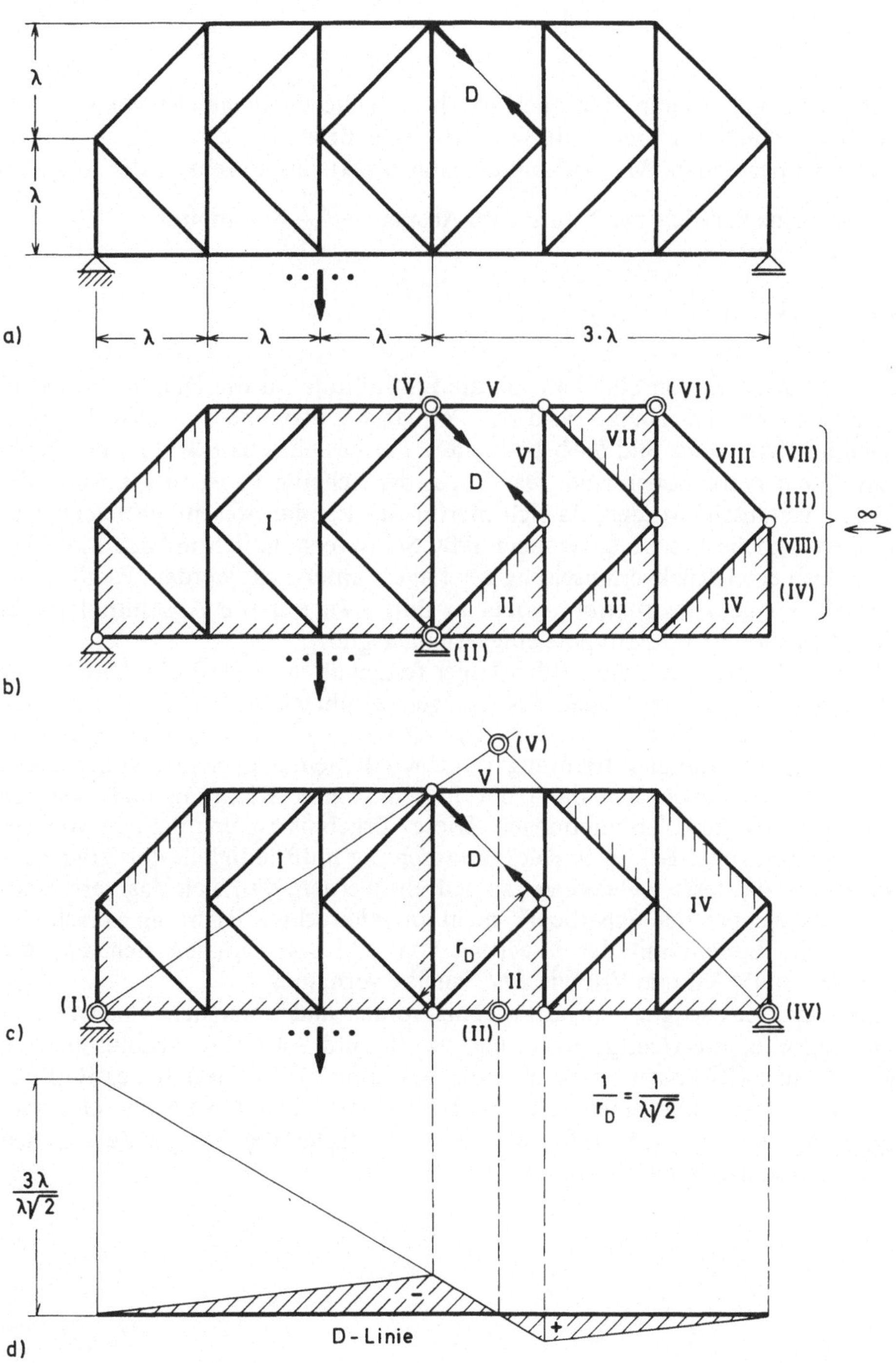

Bild 9.4 a−d. K-Fachwerk

für alle Scheibenpunkte derselbe ist. Der Drehwinkel ψ der Scheibe I ist in Bild 9.3c eingetragen. Die Horizontalverschiebung des Punktes a ist dann

$$8\,\psi = 8\cdot\frac{1{,}5}{8+1{,}5} = \frac{24}{19}\ \text{m}\,.$$

Selbstverständlich kann man auch durch einfache Gleichgewichtsbetrachtung wie in Abschnitt 9.1 die Einflußlinie für eine Belastung des Trägers mit der Last Eins berechnen. Man bekommt dann direkt das Ergebnis, daß die Einflußlinie eine Parallele zur Nullinie im Abstand $-\dfrac{24}{19}$ m sein muß.

9.4 K-Fachwerk

Für das Fachwerk von Bild 9.4a soll die Einflußlinie für die Diagonalstabkraft D ermittelt werden. Hierzu wird der Polplan benutzt und zunächst die kinematische Kette nach Bild 9.4b betrachtet. Sie besteht aus 8 Teilen, die durch Schraffur hervorgehoben sind. Das Lager der Scheibe IV ist in die Mitte des Trägers vertauscht worden, da sich hierfür der Polplan wesentlich leichter als für die wirkliche Lagerung zeichnen läßt. Selbstverständlich müssen hinterher die Folgen einer Rückvertauschung des Lagers untersucht werden. Es gilt dann folgende Polplankonstruktion, wobei in Bild 9.4b nur die Absolutpole, aber nicht die benötigten Relativpole eingezeichnet sind.

Scheibe I wird durch die beiden Lager festgehalten, so daß die Absolutpole (II) und (V) sofort festliegen. Als nächstes ergibt sich (VI). Bestimmt man dann der Reihe nach (VII), (III), (VIII) und (VI), so zeigt sich, daß diese Pole sämtlich in horizontaler Richtung im Unendlichen liegen. Die zugehörigen Scheiben verschieben sich dann nur in senkrechter Richtung und erfahren keine gegenseitigen Verschiebungen. Dieses Ergebnis ist unabhängig von der Lagervertauschung. Bei einer Rückvertauschung muß lediglich der Träger als Ganzes um das feste Gelenklager so gedreht werden, daß sich das verschiebliche Gelenklager der Scheibe IV nicht in senkrechter Richtung verschiebt. Auch beim System mit der Lagerung von Bild 9.4a müssen sich also die Scheiben III, IV, VII und VIII wie *eine* Scheibe verhalten.

Setzt man das so gewonnene Ergebnis voraus und untersucht noch einmal den Träger für die richtige Lagerung, so gilt Bild 9.4c. Die Absolutpole (I), (IV), (V) und (II) lassen sich nun leicht bestimmen. Die Gestalt der Einflußlinie folgt dann ohne einen Knick unter (III, IV). Die Größe der Ordinate ergibt sich aus der Bedingung, daß die Schnittufer der Diagonale um den Betrag 1 auseinanderzudrücken sind.

Teil II Lineare Statik

10 Verformungen in einzelnen Punkten

10.1 Durchbiegung eines Dreigelenkrahmens

Von den Systemen, bei denen die Annahme eines linear elastischen Verhaltens sinnvoll ist, sei als erstes der Dreigelenkrahmen nach Bild 10.1a mit gleichmäßig verteilter Belastung betrachtet. Hierbei ergibt sich für die Auflagerkräfte A und B, die Biegemomente in den Punkten f und e und die Horizontalschübe H_a und H_b

$$B = \frac{q\,b}{2} = \frac{12{,}6 \cdot 8}{2} = 50{,}4 \text{ kN} ,$$

$$A = q\,(a+b) - q\,\frac{b}{2} = q\left(a + \frac{b}{2}\right) = 12{,}6\left(10 + \frac{8}{2}\right) = 176{,}4 \text{ kN} ,$$

$$M_F = \frac{q\,b^2}{8} = \frac{12{,}6 \cdot 8^2}{8} = 100{,}8 \text{ kN m} ,$$

$$M_E = -\,B\,a - q\,\frac{a^2}{2} = -\,50{,}4 \cdot 10 - \frac{12{,}6 \cdot 10^2}{2} =$$

$$= -\,504 - 630 = -\,1134 \text{ kN m} ,$$

$$H_a = H_b = -\,\frac{M_E}{h} = \frac{1134}{10} = 113{,}4 \text{ kN} .$$

Es folgen dann die in Bild 10.1b, c, d dargestellten Zustandslinien.

Es sei nun die Durchbiegung des Riegels im Gelenkpunkt g berechnet. Die durch die Last „1" nach Bild 10.1e erzeugten Schnittgrößen sind in Bild 10.1f, g, h aufgetragen. Es sei darauf verzichtet, ihre sehr einfache Ermittlung näher zu begründen. Für den Arbeitssatz − ohne Temperaturänderungen und Stützensenkungen − gilt („Statik der Stabtragwerke", Gl. (38.9))

$$1 \cdot \delta = \int\limits_{(s)} \left(\frac{N\bar{N}}{EF} + \frac{M\bar{M}}{EI} + \varkappa\,\frac{Q\bar{Q}}{GF} \right) ds . \tag{10.1}$$

Dabei sei der Einfachheit halber konstanter Querschnittsverlauf für den ganzen Rahmen vorausgesetzt. Die im allgemeinen vernachlässigbaren Terme aus Längskräften und Querkräften seien jedoch berücksichtigt.

Der Querkraftanteil wird besonders groß, wenn der Stab einen I-Querschnitt mit kräftigen Flanschen und dünnem Steg hat. Gewählt sei ein IPB1600 mit

$$F = 226 \text{ cm}^2 , \qquad I = 141\,200 \text{ cm}^4 , \qquad \frac{I}{F} = 624{,}8 \text{ cm}^2 ,$$

Stegquerschnitt $F_{St} = 70{,}2 \text{ cm}^2 .$

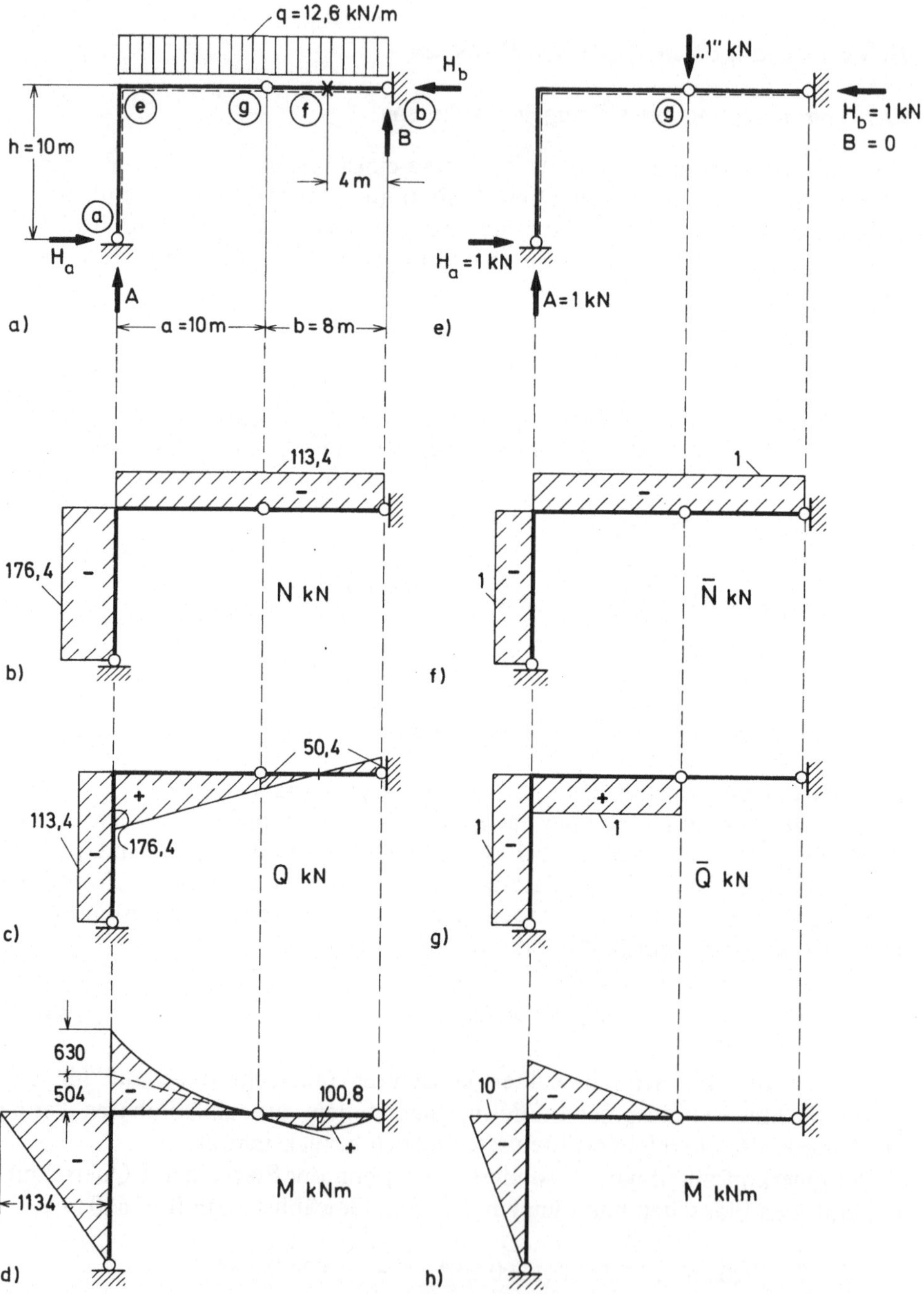

Bild 10.1 a–h. Dreigelenkrahmen mit gleichmäßig verteilter Belastung

Bei einem derartigen Querschnitt sind näherungsweise die Querkraftschubspannungen im Steg konstant und in den Flanschen vernachlässigbar. Der Schubbeiwert $\varkappa$ läßt sich dann leicht ausrechnen. Die Querkraftarbeit je Einheit der Stabachse ist

$$\frac{\tau\bar{\tau}}{G}\,F_{St} = \frac{Q\bar{Q}}{G\,F_{St}^2}\,F_{St}\,.$$

Zusammen mit Gl. (1) folgt

$$\frac{Q\bar{Q}}{G\,F_{St}} = \varkappa\,\frac{Q\bar{Q}}{G\,F}\,, \qquad \varkappa = \frac{F}{F_{St}} = \frac{226}{70{,}2} = 3{,}22\,.$$

Für den aus drei Rechtecken gebildeten Querschnitt ergibt sich als exakter Wert $\varkappa = 2{,}77$. Im folgenden sei mit $\varkappa = 3{,}22$ gerechnet, da dies eine obere Grenze ist und damit die Arbeit der Schubkräfte bestimmt nicht zu niedrig abgeschätzt wird.

Für konstanten Querschnittsverlauf ergibt sich aus Gl. (1) mit $E/G = 2{,}6$

$$1 \cdot E\,I\,\delta = \frac{I}{F} \int\limits_{(s)} N\,\bar{N}\,\mathrm{d}s + \int\limits_{(s)} M\,\bar{M}\,\mathrm{d}s + \varkappa\,\frac{E\,I}{G\,F} \int\limits_{(s)} Q\,\bar{Q}\,\mathrm{d}s =$$

$$= 624{,}8 \cdot 10^{-4}\,(176{,}4 \cdot 1 \cdot 10 + 113{,}4 \cdot 1 \cdot 18) +$$

$$+ \frac{1}{3}\,1134 \cdot 10 \cdot 10 + \frac{1}{3}\,504 \cdot 10 \cdot 10 + \frac{1}{4} \cdot 630 \cdot 10 \cdot 10 +$$

$$+ 3{,}22 \cdot 2{,}6 \cdot 624{,}8 \cdot 10^{-4}\left[113{,}4 \cdot 1 \cdot 10 + \frac{1}{2}\,(176{,}4 + 50{,}4)\,1 \cdot 10\right] =$$

$$= 237{,}8\ \mathrm{kN^2\,m^3} \qquad + 70\,350{,}0\ \mathrm{kN^2\,m^3} \qquad + 1186{,}4\ \mathrm{kN^2\,m^3}$$

$$= \text{Längskräfteanteil} + \text{Biegemomentenanteil} + \text{Querkräfteanteil}$$

$$E\,I\,\delta = 71\,774{,}2\ \mathrm{kN\,m^3}\,.$$

Der überragende Anteil der Biegemomente ist offensichtlich.

10.2 Gegenseitige Verdrehung der Querschnittsufer des Dreigelenkrahmens

Für das System von Bild 10.1a sei die gegenseitige Verdrehung $\Delta\varphi$ der beiden Querschnittsufer im Gelenkpunkt g ermittelt. Bild 10.2a zeigt die anzusetzende Belastung „1", Bild 10.2b, c, d die zugehörigen Zustandslinien. Es ergibt sich

$$1 \cdot E\,I\,\Delta\varphi = -624{,}8 \cdot 10^{-4}\left(176{,}4 \cdot \frac{1}{8} \cdot 10 + 113{,}4 \cdot \frac{9}{40} \cdot 18\right) -$$

$$- \frac{1}{3} \cdot 1134 \cdot \frac{9}{4} \cdot 10 - \frac{1}{6} \cdot 504\left(2 \cdot \frac{9}{4} + 1\right) \cdot 10 -$$

$$- \frac{1}{12} \cdot 630\left(3 \cdot \frac{9}{4} + 1\right) \cdot 10 + \frac{1}{3} \cdot 100{,}8 \cdot 1 \cdot 8 -$$

(Fortsetzung der Gleichung auf der nächsten Seite)

$$- 3{,}22 \cdot 2{,}6 \cdot 624{,}8 \cdot$$

$$\cdot 10^{-4} \left[113{,}4 \cdot \frac{9}{40} \cdot 10 + \frac{1}{2}\,(176{,}4 + 50{,}4) \cdot \frac{1}{8} \cdot 10 \right] =$$

$$= - 42{,}47\ \mathrm{kN^2 m^3} \quad - 16\,925{,}0\ \mathrm{kN^2 m^3} \qquad - 207{,}6\ \mathrm{kN^2 m^3}$$

$$= \text{Längskräfteanteil} + \text{Biegemomentenanteil} + \text{Querkräfte-}$$

$$\text{anteil,}$$

$$E\,I\,\Delta\varphi = - 17\,175\ \mathrm{kN\,m^2}.$$

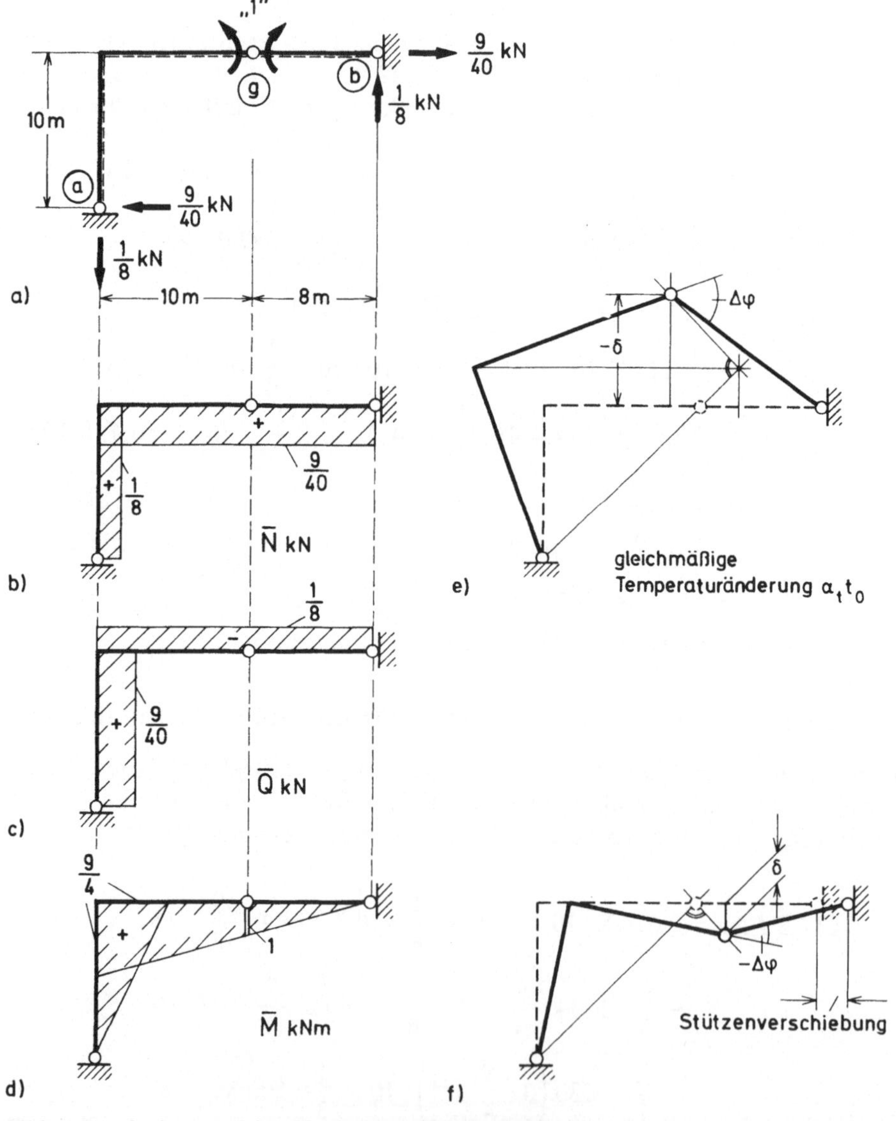

Bild 10.2 a—f. Gegenseitige Verdrehung der Querschnittsufer, Temperaturänderung und Stützenverschiebung beim Dreigelenkrahmen von Bild 10.1

10.3 Verschiebungen infolge Temperaturänderungen und Stützensenkungen

Für die Dreigelenkrahmen von Bild 10.1a und 10.2a seien noch die Verschiebungen ermittelt, die bei einer gleichmäßigen Temperaturänderung des ganzen Rahmens und bei einer horizontalen Stützenverschiebung des Lagers in b entstehen. Nach „Statik der Stabtragwerke", Gl. (38.9a) gilt bei Temperaturänderungen und Stützensenkungen

$$1 \cdot \delta = \int_{(s)} \left(\bar{N} \, \alpha_t \, t_0 + \bar{M} \, \alpha_t \, \frac{\Delta t}{h} \right) \mathrm{d}s - \sum \bar{C} \, c \, . \tag{10.2}$$

Bei einer gleichmäßigen Temperaturänderung und ohne Stützensenkungen ist $\Delta t = 0$, $c = 0$. Für die senkrechte Verschiebung des Gelenkpunktes g ergibt sich dann mit Bild 10.1f

$$1 \cdot \delta = \alpha_t \, t_0 \int_{(s)} \bar{N} \, \mathrm{d}s = \alpha_t \, t_0 \, (-1 \cdot 10 - 1 \cdot 18) \, \mathrm{kN\,m} \, ,$$

$$\delta = -\alpha_t \, t_0 \, 28 \, m \, .$$

Mit $\alpha_t = 12{,}1 \cdot 10^{-6} \, [°\mathrm{C}]^{-1}$ und $t_0 = 30 \, °\mathrm{C}$ wird daraus $\delta = 1{,}016 \, \mathrm{cm}$. Für die gegenseitige Verdrehung im Gelenk folgt mit Bild 10.2b

$$1 \cdot \Delta\varphi = \alpha_t \, t_0 \left(\frac{1}{8} \cdot 10 + \frac{9}{40} \cdot 18 \right) \mathrm{kN\,m} \, ,$$

$$\Delta\varphi = \alpha_t \, t_0 \, 5{,}3 \, .$$

Die zugehörige Verschiebungslinie ist in Bild 10.2e dargestellt. Dabei sind die Gesetze der Kinematik zu beachten.

Infolge einer Stützenverschiebung des Punktes b um 5 cm in horizontaler Richtung entsteht die senkrechte Gelenkverschiebung

$$1 \cdot \delta = -\bar{C} \, c = -\bar{H}_b \, c \, .$$

Dabei ist $c = -5$ cm zu setzen, da c nur dann positiv zu rechnen ist, wenn es in Richtung von $+\bar{H}_b$ entsteht. Mit Bild 10.1e wird dann

$$\delta = 0{,}05 \, \mathrm{m} \, .$$

Bei Berechnung der gegenseitigen Verdrehung ist ein anderes Vorzeichen von c zu beachten. Nach Bild 10.2a ist hierbei die horizontale Lagerkomponente in entgegengesetzter Richtung wie in Bild 10.1e als positiv eingeführt worden. Die wirkliche Stützenverschiebung von 5 cm und die Lagerkraft von 9/40 kN haben jetzt dieselbe Richtung und es ist folglich $c = +5$ cm zu setzen, also

$$1 \cdot \Delta\varphi = -\frac{9}{40} \, 0{,}05 \, \mathrm{kN\,m} \, ,$$

$$\Delta\varphi = -0{,}01125 \, .$$

Die zur Temperaturänderung und Stützensenkung gehörenden Verschiebungen sind in den Bildern 10.2e, f dargestellt. Bei der Konstruktion derartiger Verschiebungslinien sind die Gesetze der Kinematik kleiner Verschiebungen zu beachten.

10.4 Senkrecht zur Systemebene beanspruchter Rahmen

In Bild 10.3a ist ein Rahmen skizziert, der senkrecht zu seiner Ebene – der x,z-Ebene – belastet ist. Für die Lager müssen hierbei neue Symbole verabredet werden. In Punkt a sei ein „Scharnierlager" vorhanden, das nur einen Freiheitsgrad hat und wo keine Momente aufgenommen werden können, deren Vektor in Richtung der z-Achse liegt. Als Symbol ist ein einfaches Rechteck gewählt. Das Symbol für das in Punkt d angeordnete Lager soll bedeuten, daß es sich hier um ein horizontal „allseitig verschiebliches Gelenklager" handelt, das nur Kräfte in y-Richtung, aber keine Momente aufnehmen kann.

Für gleichmäßig verteilte Belastung des Stabes c−d ergeben sich die Lagerkräfte

$$V_a = \frac{9 \cdot 4}{2 \cdot 10} = 7,2 \text{ kN} \,,$$

$$V_d = 9 \cdot 4 - V_a = 28,8 \text{ kN} \,,$$

$$D_a = - V_a \cdot 3 = - 21,6 \text{ kN m} \,.$$

Werden nur die Biege- und Drillmomente berücksichtigt, so ist nach Bild 10.3 und Bild 10.4 die Vertikalverschiebung des Punktes c mit

$$\frac{I}{I_d} = 2 \,; \qquad \frac{E}{G} = 2,6$$

$$1 \cdot E I \delta = \tfrac{1}{3} \cdot 43,2 \cdot 2,4 \cdot 6 + \tfrac{1}{3} \cdot 21,6 \cdot 1,2 \cdot 3 + \tfrac{1}{3} \cdot 43,2 \cdot 2,4 \cdot 4 +$$

$$+ \tfrac{1}{3} \cdot 18 \cdot 2,4 \cdot 4 + 2 \cdot 2,6 \, (21,6 \cdot 1,2 \cdot 6 + 43,2 \cdot 2,4 \cdot 3) =$$

$$= 429,1 \text{ kN}^2\text{m}^3 \qquad\qquad + 2426,1 \text{ kN}^2\text{m}^3$$

$$= \text{Biegemomentenanteil} + \text{Drillmomentenanteil},$$

$$E I \delta = 2855,2 \text{ kN m}^3 \,.$$

Für die Drehung des Stabes c−d im Punkt c ergibt sich aus Bild 10.3 und 10.5

$$1 \cdot E I \vartheta = \tfrac{1}{2} \cdot 21,6 \cdot 1 \cdot 3 + 2 \cdot 2,6 \cdot 21,6 \cdot 1 \cdot 6$$

$$= 32,4 \text{ kN}^2\text{m}^3 \qquad\qquad + 673,9 \text{ kN}^2\text{m}^3$$

$$= \text{Biegemomentenanteil} + \text{Drillmomentenanteil},$$

$$E I \vartheta = 706,3 \text{ kN m}^2 \,.$$

Bei einer für den ganzen Rahmen konstanten, über den Querschnitt veränderlichen Temperaturänderung wird

$$1 \cdot \delta = \alpha_t \frac{\Delta t}{h} \left(\frac{1}{2} \cdot 2,4 \cdot 6 - \frac{1}{2} \cdot 1,2 \cdot 3 + \frac{1}{2} \cdot 2,4 \cdot 4 \right) = 10,2 \, \alpha_t \frac{\Delta t}{h} \text{ kN m} \,,$$

$$1 \cdot \vartheta = - \alpha_t \frac{\Delta t}{h} \, (1 \cdot 3) = - 3 \, \alpha_t \frac{t}{h} \text{ kN m} \,.$$

Mit $\alpha_t = 12,1 \cdot 10^{-6} [\,^\circ\text{C}]^{-1}$, $\Delta t = 30\,^\circ\text{C}$ und $h = 0,5$ m folgt

$$\delta = 0,741 \text{ cm} \quad \text{und} \quad \vartheta = - 0,00218 \,.$$

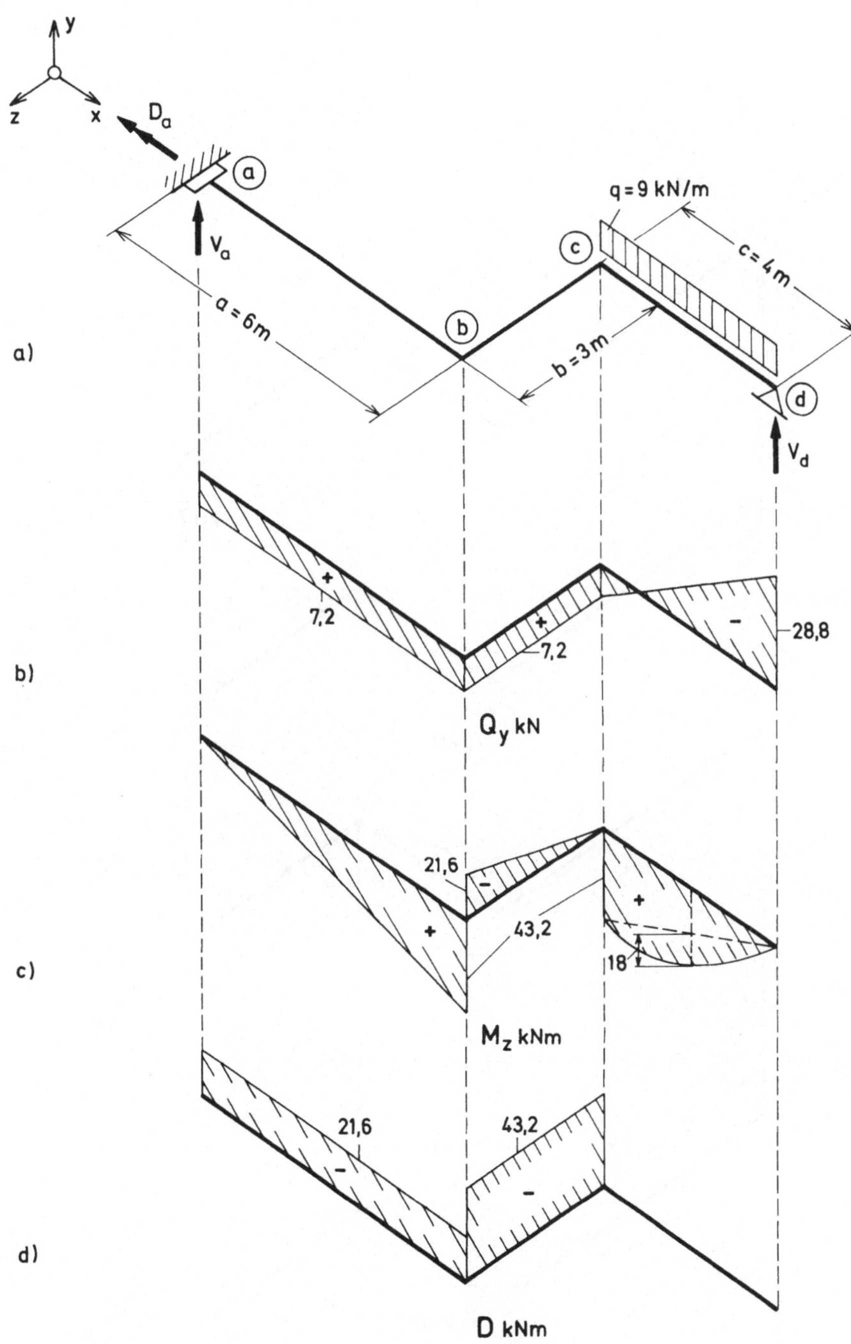

Bild 10.3 a−d. Senkrecht zu seiner Ebene belastetes System. Zustandslinien der gegebenen Belastung

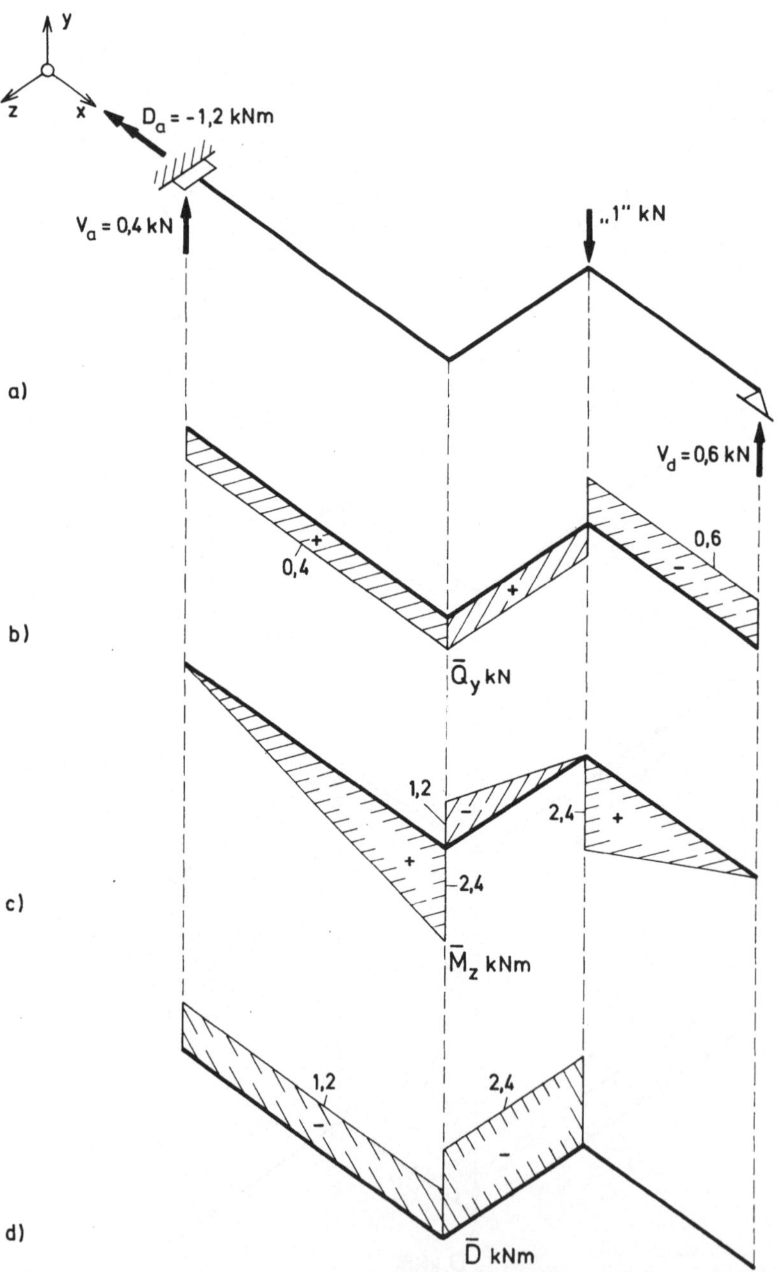

Bild 10.4a–d. Senkrecht zu seiner Ebene belastetes System. Zustandslinien infolge einer Kraft „1"

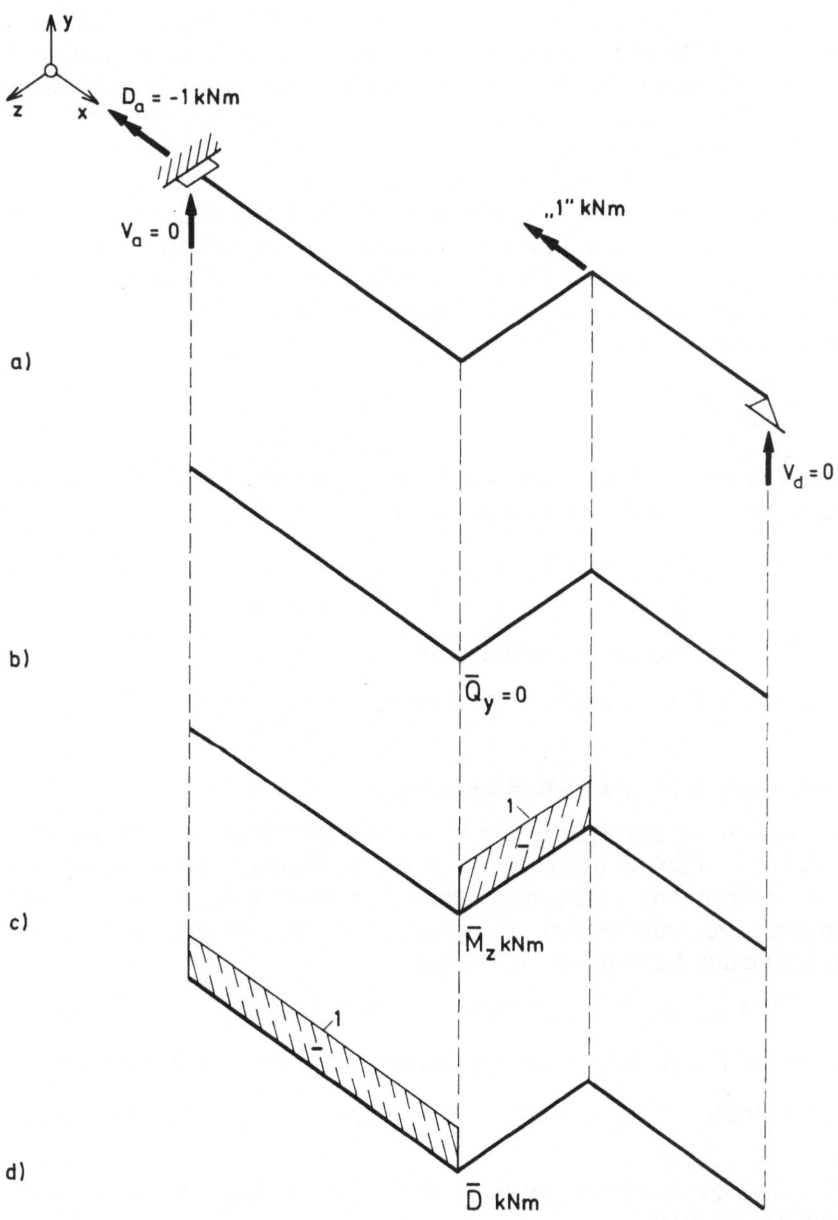

Bild 10.5a–d. Senkrecht zu seiner Ebene belastetes System. Zustandslinien infolge eines Drehmomentes „1"

10.5 Verformungen eines Fachwerk-Dachbinders

10.5.1 Verformungen nach dem Arbeitssatz

Im folgenden seien die resultierenden Verschiebungen einzelner Punkte für den in Bild 10.6a dargestellten Träger berechnet. Die benutzten Bezeichnungen zeigt ebenfalls Bild 10.6a. Es seien S_a, S_b, S_c ... die Stabkräfte, ferner a, b, 1, 2, 3 ... die Knotenpunkte und H, P die einen Knotenpunkt belastenden Kräfte. Dabei wirkt H in horizontaler, P in vertikaler Richtung. Die von einer Einheitsbelastung hervorgerufenen Stabkräfte werden durch einen Querstrich gekennzeichnet. Richtung und Ort der Einheitsbelastung werden durch weitere Indizes erfaßt. Zum Beispiel bedeutet $\bar{S}_{c,P_3}$ die Stabkraft S_c, die durch eine Belastung $P_3 = 1$ erzeugt wird.

Es sei zunächst die resultierende Verschiebung des Punktes 1 berechnet, wenn im Punkt 3 die Kräfte $P_3 = 9\,\text{kN}$ und $H_3 = 12\,\text{kN}$ angreifen. Als Einheitsbelastungen sind $H_1 = 1$ und $P_1 = 1$ anzusetzen. Die Stabkräfte S der gegebenen Belastung sind in Bild 10.6b, die Stabkräfte $\bar{S}_{H_1}$ und $\bar{S}_{P_1}$ in Bild 10.6c,d aufgetragen. Sie folgen aus einfachen Kräftezerlegungen.

Nach dem Arbeitssatz ist

$$1 \cdot \delta = \sum \frac{S \bar{S} s}{E F} \; .$$

EF sei der Einfachheit halber für alle Stäbe gleich groß. Werden die Verschiebungen mit $\delta_{1,H}$ und $\delta_{1,P}$ bezeichnet, so ist

$$1 \cdot E F \delta_{1,H} = 12 \cdot 8 = 96 \,\text{kN}^2\,\text{m} \; ,$$

$$1 \cdot E F \delta_{1,P} = 2 \cdot 12 \cdot \tfrac{2}{3} \cdot 8 + 15 \cdot \tfrac{5}{6} \cdot 5 = 190{,}5 \,\text{kN}^2\,\text{m} \; .$$

Für die resultierende Verschiebung gilt dann

$$E F \delta_{3\,\text{Res}} = \sqrt{96^2 + 190{,}5^2} = 213{,}3 \,\text{kN}\,\text{m} \; .$$

10.5.2 Verformungen nach der Matrizenrechnung

Als nächstes seien für das System von Bild 10.6a die resultierenden Verschiebungen mehrerer Punkte unter Benutzung der Matrizenrechnung gesucht. Obwohl diese Rechnung auch gerade dann zweckmäßig ist, wenn sehr viele Verschiebungen gesucht werden, so sollen doch zur Übersichtlichkeit der Zahlenrechnung nur die fünf Verschiebungen

$$\delta_{1,H}, \quad \delta_{1,P}, \quad \delta_{b,H}, \quad \delta_{3,H}, \quad \delta_{3,P}$$

ermittelt werden. Die Belastung des Systems möge ferner nur aus den Kräften

$$P_1 = 10\,\text{kN}, \quad H_3 = 12\,\text{kN}, \quad P_3 = 8\,\text{kN}$$

bestehen.

Zunächst sind die Stabkräfte zu bestimmen. Es gilt nach „Statik der Stabtragwerke", Abschnitt 40.3,

$$\mathbf{S} = \bar{\mathbf{S}}\,\mathbf{P}, \tag{10.3}$$

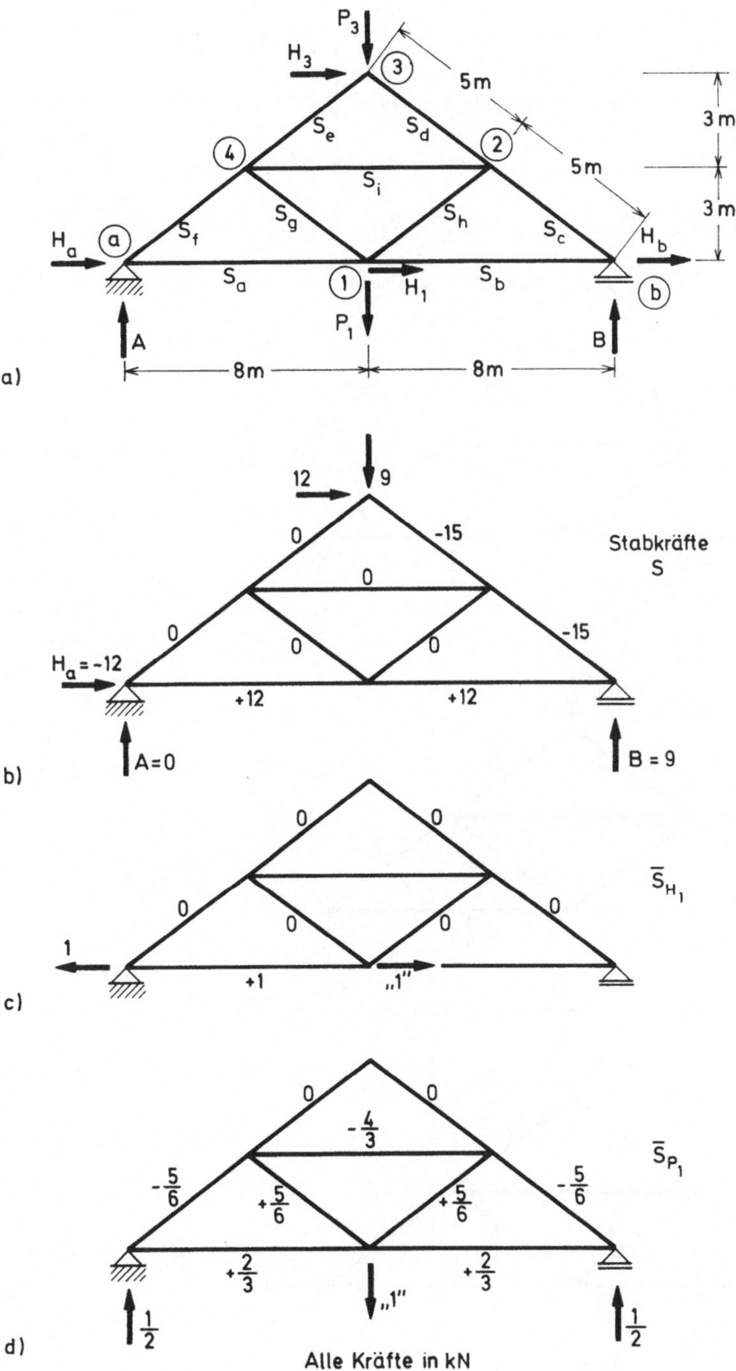

Bild 10.6a–d. Zur Berechnung der Verformungen eines Dachbinders

wobei **S** die Spaltenmatrix der endgültigen Stabkräfte, $\bar{\mathbf{S}}$ die − nicht quadratische − Matrix der Einheitsstabkräfte und **P** die Spaltenmatrix der äußeren Lasten in Richtung der gesuchten Verformungen ist. Mit den hier gewählten Bezeichnungen wird aus Gl. (3)

$$
\begin{Bmatrix} S_a \\ S_b \\ \cdot \\ \cdot \\ \cdot \\ S_i \end{Bmatrix} = \begin{bmatrix} \bar{S}_{a,H_1} & \bar{S}_{a,P_1} & \bar{S}_{a,H_b} & \bar{S}_{a,H_3} & \bar{S}_{a,P_3} \\ \bar{S}_{b,H_1} & \bar{S}_{b,P_1} & \bar{S}_{b,H_b} & \bar{S}_{b,H_3} & \bar{S}_{b,P_3} \\ \cdot & \cdot & \cdot & \cdot & \cdot \\ \cdot & \cdot & \cdot & \cdot & \cdot \\ \cdot & \cdot & \cdot & \cdot & \cdot \\ \bar{S}_{i,H_1} & \bar{S}_{i,P_1} & \bar{S}_{i,H_b} & \bar{S}_{i,H_3} & \bar{S}_{i,P_3} \end{bmatrix} \begin{Bmatrix} H_1 \\ P_1 \\ H_b \\ H_3 \\ P_3 \end{Bmatrix} .
\tag{10.4}
$$

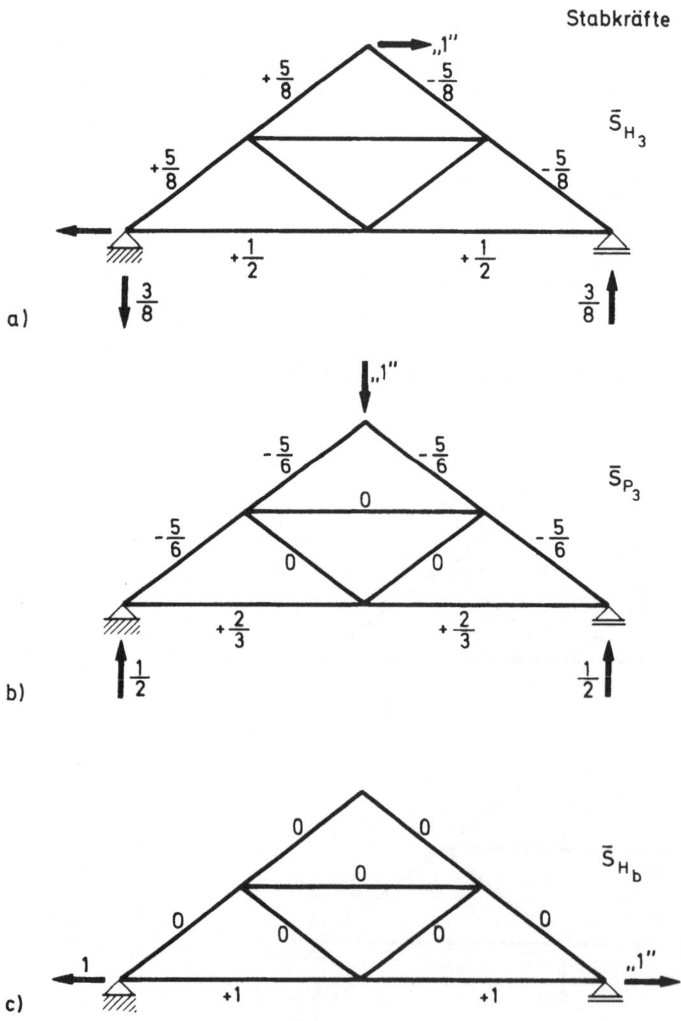

Bild 10.7a−c. Einheitsbelastungen des Dachbinders von Bild 10.6

Nach Einsetzen der Zahlenwerte nach Bild 10.6 c, d und Bild 10.7 a, b, c wird

$$
\begin{pmatrix} S_a \\ S_b \\ S_c \\ S_d \\ S_e \\ S_f \\ S_g \\ S_h \\ S_i \end{pmatrix}
=
\begin{pmatrix}
1 & \frac{2}{3} & 1 & \frac{1}{2} & \frac{2}{3} \\
0 & \frac{2}{3} & 1 & \frac{1}{2} & \frac{2}{3} \\
0 & -\frac{5}{6} & 0 & -\frac{5}{8} & -\frac{5}{6} \\
0 & 0 & 0 & -\frac{5}{8} & -\frac{5}{6} \\
0 & 0 & 0 & \frac{5}{8} & -\frac{5}{6} \\
0 & -\frac{5}{6} & 0 & \frac{5}{8} & -\frac{5}{6} \\
0 & \frac{5}{6} & 0 & 0 & 0 \\
0 & \frac{5}{6} & 0 & 0 & 0 \\
0 & -\frac{4}{3} & 0 & 0 & 0
\end{pmatrix}
\begin{pmatrix}
H_1 = 0 \\
P_1 = 10 \\
H_b = 0 \\
H_3 = 12 \\
P_3 = 8
\end{pmatrix}
$$

mit dem Ergebnis

$$
S_a = 18\,\text{kN}, \quad S_b = 18\,\text{kN}, \quad S_c = -\frac{45}{2}\,\text{kN}, \quad S_d = -\frac{85}{6}\,\text{kN},
$$

$$
S_e = \frac{5}{6}\,\text{kN}, \quad S_f = -\frac{15}{2}\,\text{kN}, \quad S_g = \frac{25}{3}\,\text{kN}, \quad S_h = \frac{25}{3}\,\text{kN},
$$

$$
S_i = -\frac{40}{3}\,\text{kN}.
$$

Zur Berechnung der gesuchten Verschiebungen gilt die Gleichung

$$
\boldsymbol{\delta} = \bar{\mathbf{S}}^{\mathrm{T}} \Delta \mathbf{s}. \tag{10.5}
$$

$\Delta \mathbf{s}$ ist dabei die Spaltenmatrix der Längenänderungen der Stäbe. Die einzelnen Stablängen seien mit denselben Indizes wie die Stabkräfte bezeichnet. Wird für alle Stäbe konstante Dehnungssteifigkeit vorausgesetzt, so wird aus Gl. (5) nach Multiplikation mit EF

$$
EF
\begin{pmatrix}
\delta_{1,H} \\ \delta_{1,P} \\ \delta_{b,H} \\ \delta_{3,H} \\ \delta_{3,P}
\end{pmatrix}
=
\begin{pmatrix}
\bar{S}_{a,H_1} & \bar{S}_{b,H_1} & \cdot & \cdot & \cdot & \bar{S}_{i,H_1} \\
\bar{S}_{a,P_1} & \bar{S}_{b,P_1} & \cdot & \cdot & \cdot & \cdot \\
\bar{S}_{a,H_b} & \cdot & & & & \cdot \\
\bar{S}_{a,H_3} & & & & & \cdot \\
\bar{S}_{a,P_3} & \bar{S}_{b,P_3} & \cdot & \cdot & \cdot & \bar{S}_{i,P_3}
\end{pmatrix}
\begin{pmatrix}
S_a\, s_a \\ S_b\, s_b \\ \cdot \\ \cdot \\ \cdot \\ \cdot \\ \cdot \\ S_i\, s_i
\end{pmatrix}.
$$

In Zahlen wird

$$EF \begin{Bmatrix} \delta_{1,H} \\ \delta_{1,P} \\ \delta_{b,H} \\ \delta_{3,H} \\ \delta_{3,P} \end{Bmatrix} = \begin{bmatrix} 1 & 0 & 0 & 0 & 0 & 0 & 0 & 0 & 0 \\ \frac{2}{3} & \frac{2}{3} & -\frac{5}{6} & 0 & 0 & -\frac{5}{6} & \frac{5}{6} & \frac{5}{6} & -\frac{4}{3} \\ 1 & 1 & 0 & 0 & 0 & 0 & 0 & 0 & 0 \\ \frac{1}{2} & \frac{1}{2} & -\frac{5}{8} & -\frac{5}{8} & \frac{5}{8} & \frac{5}{8} & 0 & 0 & 0 \\ \frac{2}{3} & \frac{2}{3} & -\frac{5}{6} & -\frac{5}{6} & -\frac{5}{6} & -\frac{5}{6} & 0 & 0 & 0 \end{bmatrix} \begin{Bmatrix} 144 \\ 144 \\ -\frac{225}{2} \\ -\frac{425}{6} \\ \frac{25}{6} \\ -\frac{75}{2} \\ \frac{125}{3} \\ \frac{125}{3} \\ -\frac{320}{3} \end{Bmatrix}$$

und das Ergebnis der Matrizenmultiplikation

$$EF\delta_{1,H} = 144 \text{ kN m}, \qquad EF\delta_{1,P} = \frac{1586}{3} \text{ kN m}, \qquad EF\delta_{b,H} = 288 \text{ kN m},$$

$$EF\delta_{3,H} = \frac{251}{4} \text{ kN m}, \qquad EF\delta_{3,P} = \frac{3353}{9} \text{ kN m}.$$

11 Biegelinie

11.1 Verwendung der Differentialgleichungen. Dreigelenkrahmen

Für den Dreigelenkrahmen nach Bild 11.1a seien die Biegelinien der beiden Stiele und des Riegels ermittelt. Für die Auflagerkräfte ergibt sich

$$B = \frac{q\,a^2}{2\,l} = \frac{21 \cdot 12^2}{2 \cdot 18} = 84 \text{ kN},$$

$$A = q\,a - \frac{q\,a^2}{2\,l} = q\,a\left(1 - \frac{a}{2\,l}\right) = 21 \cdot 12\left(1 - \frac{12}{2 \cdot 18}\right) = 168 \text{ kN},$$

$$H_B = H_A = \frac{b}{h}\,B = \frac{6}{8}\,84 = 63 \text{ kN},$$

ferner ist (siehe Bild 11.1d)

$$M_C = -H_A\,h = -63 \cdot 8 = -504 \text{ kN m}.$$

Es sind drei Bereiche vorhanden, die durch die Indizes $i = 1, 2, 3$ unterschieden seien. Für alle Bereiche gelten die Differentialgleichungen (ohne Querkraftberücksichtigung)

$$EF\,u_i' = N_i, \qquad EI_i\,w_i'' = -M_i.$$

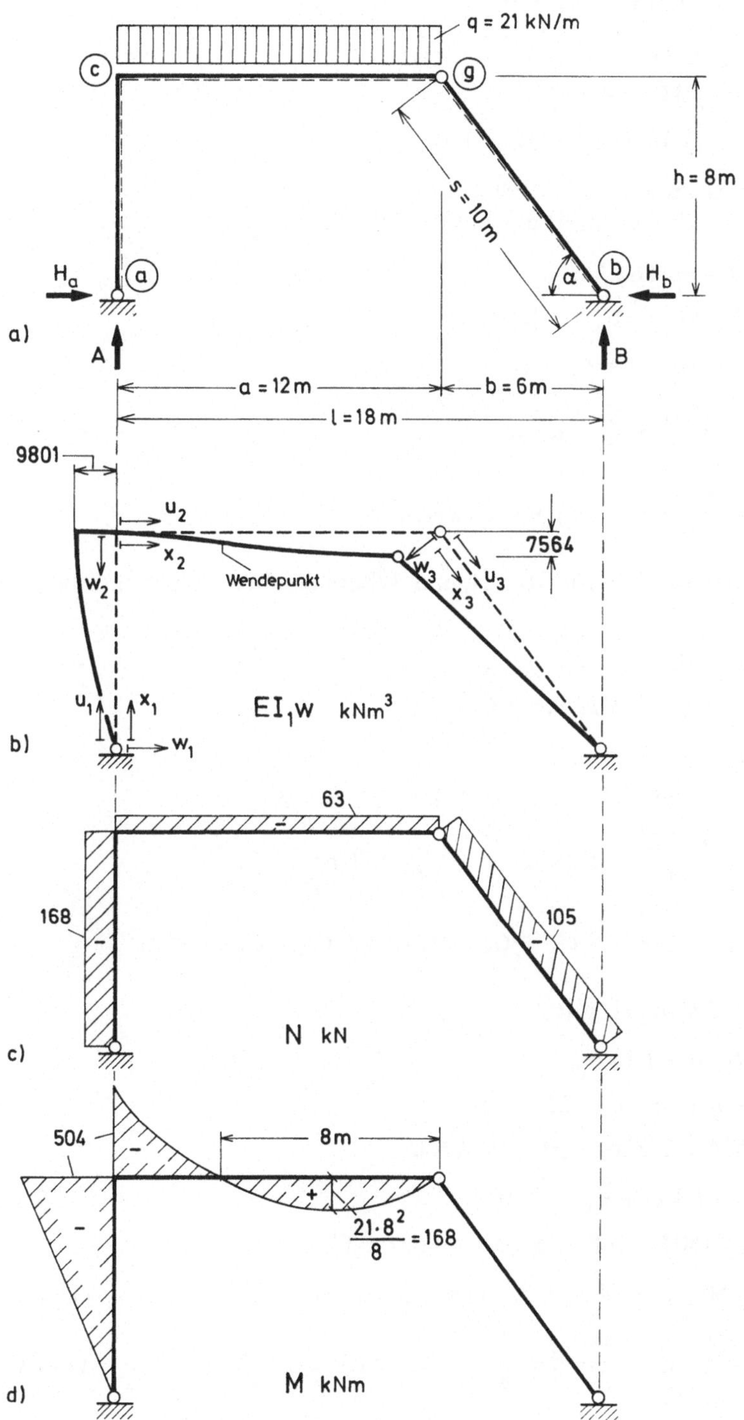

Bild 11.1 a–d. Zur Biegelinie eines Dreigelenkrahmens

Hieraus ergeben sich die folgenden Integralbeziehungen, wenn stabweise konstante Steifigkeiten vorausgesetzt werden:

$$E F_i\, u_i = \int N_i\, dx + C_{u_i},$$

$$E I_i\, w_i' = -\int M_i\, dx + C_{\varphi_i},$$

$$E I_i\, w_i = -\iint M_i\, dx\, dx + C_{\varphi_i} x + C_{w_i}.$$

Die Integrationskonstanten sind dabei mit C_{u_i}, C_{φ_i} und C_{w_i} bezeichnet.

Für den Bereich 1 (linker Stiel) ergibt sich mit Bild 11.1 c, d

$$N_1 = -A = -168\ \text{kN},$$

$$M_1 = -H_A\, x_1 = -63\, x_1 \quad \text{kNm};$$

$$E F_1\, u_1 = -168\, x_1 + C_{u_1} \quad \text{kNm}, \tag{11.1a}$$

$$E I_1\, w_1' = \frac{63\, x_1^2}{2} + C_{\varphi_1} \quad \text{kNm}^2, \tag{11.1b}$$

$$E I_1\, w_1 = \frac{63\, x_1^3}{6} + C_{\varphi_1} x_1 + C_{w_1} \quad \text{kNm}^3. \tag{11.1c}$$

Von u_1, w_1' und w_1 werden für Rand- und Übergangsbedingungen folgende Größen benötigt:

Im Punkte a bei $x_1 = 0$

$$E F_1\, u_{1,a} = C_{u_1}, \qquad E I_1\, w_{1,a} = C_{w_1},$$

im Punkte c bei $x_1 = h$

$$E F_1\, u_{1,c} = -168 \cdot 8 + C_{u_1} = -1344 + C_{u_1} \quad \text{kNm},$$

$$E I_1\, w_{1,c}' = \frac{63 \cdot 8^2}{2} + C_{\varphi_1} = 2016 + C_{\varphi_1} \quad \text{kNm}^2,$$

$$E I_1\, w_{1,c} = \frac{63 \cdot 8^3}{6} + 8\, C_{\varphi_1} + C_{w_1} = 5376 + 8\, C_{\varphi_1} + C_{w_1} \quad \text{kNm}^3.$$

Für den Bereich 2 (Riegel) gilt

$$N_2 = -H_A = -63\ \text{kN},$$

$$Q_2 = A - q\, x_2 = 168 - 21\, x_2 \quad \text{kN},$$

$$M_2 = -504 + 168\, x_2 - 10{,}5\, x_2^2 \quad \text{kNm};$$

$$E F_2\, u_2 = -63\, x_2 + C_{u_2} \quad \text{kNm}, \tag{11.2a}$$

$$E I_2\, w_2' = \int (504 - 168\, x_2 + 10{,}5\, x_2^2)\, dx_2 + C_{\varphi_2}$$

$$E I_2\, w_2' = 504\, x_2 - 84\, x_2^2 + 3{,}5\, x_2^3 + C_{\varphi_2} \quad \text{kNm}^2, \tag{11.2b}$$

$$E I_2\, w_2 = 252\, x_2^2 - \frac{84}{3}\, x_2^3 + \frac{7}{8}\, x_2^4 + C_{\varphi_2} x_2 + C_{w_2} \quad \text{kNm}^3. \tag{11.2c}$$

Im Punkte c bei $x_2 = 0$ ist

$$E F_2\, u_{2,c} = C_{u_2}\ \text{kNm}\,,\quad E I_2\, w'_{2,c} = C_{\varphi_2}\ \text{kNm}^2\,,\quad E I_2\, w_{2,c} = C_{w_2}\ \text{kNm}^3$$

und an der Stelle g bei $x_2 = a$

$$E F_2\, u_{2,g} = -63 \cdot 12 + C_{u_2} = -756 + C_{u_2}\ \text{kNm}\,,$$

$$E I_2\, w_{2,g} = 252 \cdot 12^2 - \frac{84}{3}\, 12^3 + \frac{7}{8}\, 12^4 + 12\, C_{\varphi_2} + C_{w_2} =$$

$$= 6048 + 12\, C_{\varphi_2} + C_{w_2}\ \text{kNm}^3\,.$$

$E I_2\, w'_{2,g}$ wird nicht berechnet, da es im folgenden nicht benötigt wird.

Für den Bereich 3 (rechter Stiel) wird

$$N_3 = -\frac{10}{8}\, B = -105\ \text{kN}\,,\quad M_3 = 0\,,$$

$$E F_3\, u_3 = -105\, x_3 + C_{u_3}\ \text{kNm}\,,\tag{11.3a}$$

$$E I_3\, w_3 = C_{\varphi_3}\, x_3 + C_{w_3}\ \text{kNm}^3\,.\tag{11.3b}$$

An der Stelle g bei $x_3 = 0$ ist

$$E F_3\, u_{3,g} = C_{u_3}\ \text{kNm}\,,$$

$$E I_3\, w_{3,g} = C_{w_3}\ \text{kNm}^3\,,$$

und im Punkte b bei $x_3 = s$

$$E F_3\, u_{3,b} = -1050 + C_{u_3}\ \text{kNm}\,,$$

$$E I_3\, w_{3,b} = 10\, C_{\varphi_3} + C_{w_3}\ \text{kNm}^3\,.$$

Die Rand- und Übergangsbedingungen sind nun für den Punkt a

$$u_{1,a} = 0\,,\quad w_{1,a} = 0\,,\tag{11.4a,b}$$

für Punkt c

$$u_{1,c} = -w_{2,c}\,,\quad w_{1,c} = u_{2,c}\,,\quad w'_{1,c} = w'_{2,c}\,,\tag{11.4c-e}$$

für Punkt g

$$u_{2,g} = -w_{3,g} \sin\alpha + u_{3,g} \cos\alpha\,,\tag{11.4f}$$

$$w_{2,g} = \quad u_{3,g} \sin\alpha + w_{3,g} \cos\alpha\,,\tag{11.4g}$$

für Punkt b

$$u_{3,b} = 0\,,\quad w_{3,b} = 0\,.\tag{11.4h,i}$$

Daraus folgt, wenn für die Verschiebungen und ihre Ableitungen ihre ermittelten Beziehungen eingeführt werden,

$$C_{u_1} = 0\,,\quad C_{w_1} = 0\,;\tag{11.5a,b}$$

$$-1344 + C_{u_1} = -C_{w_2} \frac{F_1}{I_2}\,,\tag{11.5c}$$

$$5376 + 8\,C_{\varphi_1} + C_{w_1} = C_{u_2}\,\frac{I_1}{F_2}\,,\tag{11.5d}$$

$$2016 + C_{\varphi_1} = C_{\varphi_2}\,\frac{I_1}{I_2}\,;\tag{11.5e}$$

$$-756 + C_{u_2} = -\frac{F_2}{I_3}\,C_{w_3}\sin\alpha + \frac{F_2}{F_3}\,C_{u_3}\cos\alpha\,,\tag{11.5f}$$

$$6048 + 12\,C_{\varphi_2} + C_{w_2} = \frac{I_2}{I_3}\,C_{w_3}\cos\alpha + \frac{I_2}{F_3}\,C_{u_3}\sin\alpha\,;\tag{11.5g}$$

$$C_{u_3} = 1050\,,\qquad 10\,C_{\varphi_3} + C_{w_3} = 0\,.\tag{11.5h,i}$$

Für die Querschnittswerte sei angenommen

$$\frac{F_1}{I_2} = \frac{F_2}{I_1} = 15\ \text{m}^{-2}\,,\qquad \frac{I_1}{I_2} = 1\,,\qquad \frac{F_3}{F_2} = 0{,}5\,,\qquad \frac{I_2}{I_3} = 5\,.$$

Damit ergeben sich die ebenfalls benötigten Werte

$$\frac{F_3}{I_2} = 7{,}5\ \text{m}^{-2}\,,\qquad \frac{F_2}{I_3} = 75\ \text{m}^{-2}\,.$$

Hiermit folgen aus den Gl. (5) die Konstanten zu

$$C_{u_1} = 0\,,\qquad\qquad C_{w_1} = 0\,,\qquad\qquad C_{\varphi_1} = -\,1897{,}16\ \text{kN}\,\text{m}^2\,,$$
$$C_{u_2} = -\,147019\ \text{kN}\,\text{m}\,,\quad C_{w_2} = 89{,}6\ \text{kN}\,\text{m}^3\,,\qquad C_{\varphi_2} = 118{,}84\ \text{kN}\,\text{m}^2\,,$$
$$C_{u_3} = 1050\ \text{kN}\,\text{m}\,,\qquad C_{w_3} = 2483{,}91\ \text{kN}\,\text{m}^3\,,\quad C_{\varphi_3} = -\,248{,}39\ \text{kN}\,\text{m}^2\,.$$

Führt man diese Werte in die Gl. (1), (2) und (3) ein, so ergeben sich die Biegelinien zu

$$E\,F_1\,u_1 = -\,168\,x_1\quad \text{kN}\,\text{m}\,,$$

$$E\,I_1\,w_1 = \frac{63}{6}\,x_1^3 - 1897{,}16\,x_1\quad \text{kN}\,\text{m}^3\,,$$

$$E\,F_2\,u_2 = -\,63\,x_2 - 147019\quad \text{kN}\,\text{m}\,,$$

$$E\,I_2\,w_2 = \frac{7}{8}\,x_2^4 - \frac{84}{3}\,x_2^3 + 252\,x_2^2 + 118{,}84\,x_2 + 89{,}6\quad \text{kN}\,\text{m}^3\,,$$

$$E\,F_3\,u_3 = -\,105\,x_3 + 1050\quad \text{kN}\,\text{m}\,,$$

$$E\,I_3\,w_3 = -\,248{,}39\,x_3 + 2483{,}91\quad \text{kN}\,\text{m}^3\,.$$

Eine Darstellung der Biegelinien ist in Bild 11.1 b gegeben.

11.2 Verwendung der „ω-Tabellen". Rahmensystem

Bei dem in Bild 11.2a dargestellten Rahmensystem, das man sich aus den Dreigelenkrahmen $a - e - b$, $e - f - c$ und $d - h - f$ zusammengesetzt denken kann, sollen die Biegelinien der einzelnen Stäbe unter der angegebenen Wind-

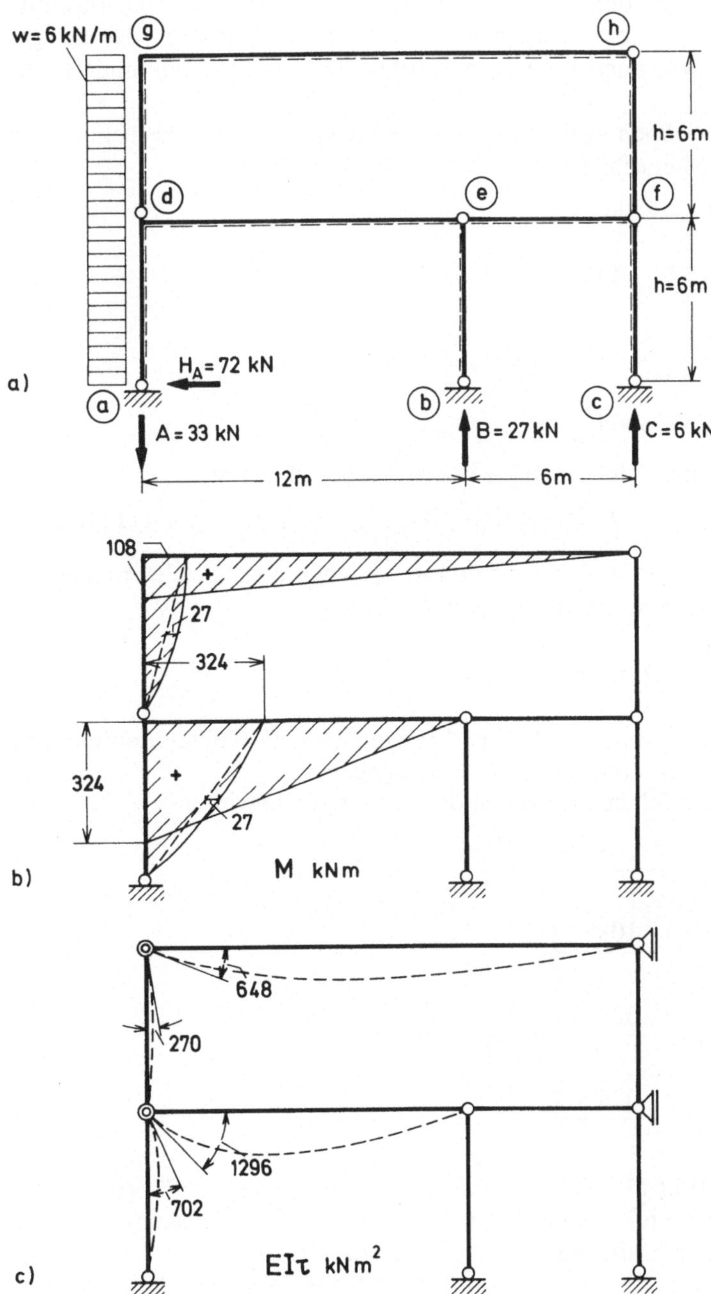

Bild 11.2a−c. Rahmensystem unter Windlast

last ermittelt werden. Die Rechnung soll unter Vernachlässigung der Längs- und Querkraftverformungen durchgeführt werden.

Die Steifigkeit der Stäbe sei jeweils über eine Stablänge konstant. Die Durchbiegungsordinaten können dann aus den sogenannten ω-Tabellen entnommen werden. Diese Tabellen geben die Durchbiegungen eines Balkens auf zwei Stützen für verschiedene Lastfälle an. Eine Integration der Differentialgleichungen der Biegelinien ist dann nicht mehr nötig, lediglich die Integrationskonstanten müssen noch berechnet werden. Die ω-Tabellen sind im Anhang enthalten.

Zunächst müssen jedoch Auflagerkräfte und Biegemomente berechnet werden (Bild 11.2 a, b). Man erhält

$$H_A = 6 \cdot 12 = 72 \,\text{kN} \,,$$

$$C = \frac{6 \cdot 6 \cdot 3}{18} = 6 \,\text{kN} \,,$$

$$B = \frac{6 \,(6 \cdot 6 + 6 \cdot 3)}{12} = 27 \,\text{kN} \,,$$

$$A = B + C = 33 \,\text{kN} \,.$$

Die Biegemomente in den biegesteifen Ecken bei g und d sind

$$M_g = C \cdot 18 = 6 \cdot 18 = 108 \,\text{kN}\,\text{m} \,, \quad M_d = B \cdot 12 = 27 \cdot 12 = 324 \,\text{kN}\,\text{m} \,.$$

Die Feldmomente in den Stielen $a-d$ und $d-g$, wenn diese Stiele zunächst als Balken auf zwei Stützen aufgefaßt werden, folgen zu

$$M_0 = \frac{6 \cdot 6^2}{8} = 27 \,\text{kN}\,\text{m} \,,$$

wobei der Index 0 den einfachen Balken kennzeichnet. Die Biegemomente, die sich insgesamt einstellen, sind in Bild 11.2 b angegeben.

Aus den ω-Tabellen folgen nun zuerst die Endtangentenwinkel

$$E I_{d-g}\, \tau_{g-d,0} = -\frac{108 \cdot 6}{3} - \frac{27 \cdot 6}{3} = -270 \,\text{kN}\,\text{m}^2 \,,$$

$$E I_{g-h}\, \tau_{g-h,0} = \frac{108 \cdot 18}{3} = 648 \,\text{kN}\,\text{m}^2 \,,$$

$$E I_{a-d}\, \tau_{d-a,0} = -\frac{324 \cdot 6}{3} - \frac{27 \cdot 6}{3} = -702 \,\text{kN}\,\text{m}^2 \,,$$

$$E I_{d-e}\, \tau_{d-e,0} = \frac{324 \cdot 12}{3} = 1296 \,\text{kN}\,\text{m}^2 \,.$$

Die Winkel sind in Bild 11.2 c skizziert. Sie gelten zum Beispiel für ein System, das in den Punkten d und g eine durch Doppelkreise gekennzeichnete gelenkige Verbindung aller Stäbe hat und dafür zwei verschiebliche Lager bei f und h besitzt, die das System wieder statisch bestimmt machen. Der Übergang zum wirklichen System erfolgt dann dadurch, daß die beiden Lager wieder entfernt werden und dem entstandenen System von zwei Freiheitsgraden solche Verschiebungen erteilt werden, daß die Verformungsbedingungen in d und g erfüllt werden. Dabei führen die einzelnen Stäbe des Rahmensystems nur Starrkörperverschiebungen aus, wie es der Tatsache entspricht, daß lediglich die Integrationskonstanten korrigiert werden müssen. Die bei zwei Freiheitsgraden möglichen Verschiebungen seien durch die Winkel ψ_1 und ψ_2 nach den beiden Bildern 11.3 a, b gekennzeichnet.

Für die Steifigkeitswerte möge gelten

$$E I_{a-d} = E I_{d-e} = 2 E I , \qquad E I_{d-g} = E I_{g-h} = E I .$$

Man erhält dann als Verformungsbedingungen in den Punkten d und g

$$1\, \tau_{g-d,0} + E I\, \psi_1 = 1\, \tau_{g-h,0} ,$$

$$\tfrac{1}{2}\, \tau_{d-a,0} + E I\, \psi_2 = \tfrac{1}{2}\, \tau_{d-e,0} .$$

Mit den oben ermittelten Zahlenwerten für die τ und ψ wird

$$E I\, \psi_1 = 270 + 648 = 918\ \mathrm{kN\,m^2} ,$$

$$E I\, \psi_2 = \frac{702}{2} + \frac{1296}{2} = 999\ \mathrm{kN\,m^2} .$$

Die Ausdrücke für die Durchbiegungen w können nun mit Hilfe der ω-Tabellen angegeben werden. Es wird mit der Definition von ξ nach Tabelle A 1 für

Stab $a-d$

$$E I\, w = E I\, \psi_2\, h\, \xi + \frac{1}{2}\, \frac{M_d\, h^2}{6}\, \omega_2 + \frac{1}{2}\, \frac{M_0\, h^2}{3}\, \omega_9$$

$$= 999 \cdot 6\, \xi + \frac{1}{2}\, \frac{324 \cdot 6^2}{6}\, (\xi - \xi^3) + \frac{1}{2}\, \frac{27 \cdot 6^2}{3}\, (\xi - 2\, \xi^3 + \xi^4)$$

$$= 7128\, \xi - 1296\, \xi^3 + 162\, \xi^4 ,$$

Stab $d-e$

$$E I\, w = \frac{1}{2}\, \frac{M_d\, 12^2}{6}\, \omega_3$$

$$= \frac{1}{2}\, \frac{324 \cdot 12^2}{6}\, (2\, \xi - 3\, \xi^2 + \xi^3)$$

$$= 7776\, \xi - 11\,664\, \xi^2 + 3888\, \xi^3 ,$$

Stab $d-g$

$$E I\, w = E I\, w_d + E I\, \psi_1\, h\, \xi + \frac{M_g\, h^2}{6}\, \omega_2 + \frac{M_0\, h^2}{3}\, \omega_9$$

$$= 5994 + 918 \cdot 6\, \xi + \frac{108 \cdot 6^2}{6}\, (\xi - \xi^3) + \frac{27 \cdot 6^2}{3}\, (\xi - 2\, \xi^3 + \xi^4)$$

$$= 5994 + 6480\, \xi - 1296\, \xi^3 + 324\, \xi^4 ,$$

Stab $g-h$

$$EI\,w = \frac{M_g\,18^2}{6}\,\omega_3$$

$$= \frac{108 \cdot 18^2}{6}\,(2\,\xi - 3\,\xi^2 + \xi^3)$$

$$= 11\,664\,\xi - 17\,496\,\xi^2 + 5832\,\xi^3\,.$$

Bei den übrigen Stäben sind die Durchbiegungen w durch die Winkel ψ gegeben. Die Biegelinien sind in Bild 11.3c dargestellt.

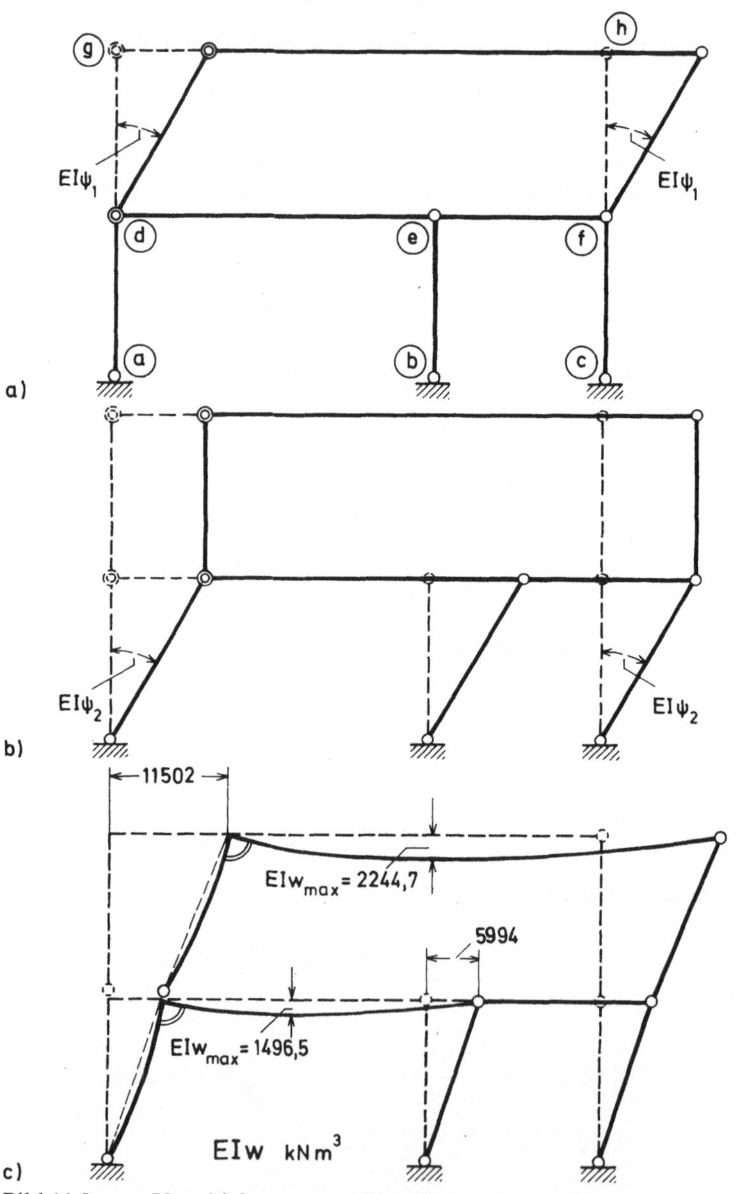

Bild 11.3a—c. Verschiebungs- und Biegelinien für das Rahmensystem unter Windlast

12 Einflußlinie für eine Verschiebung. Methode der „W-Gewichte"

Nach Bild 12.1a sei ein Teil eines Kranauslegers betrachtet, der einseitig eingespannt angenommen sei, und für den die Einflußlinie der Durchbiegung am freien Ende berechnet werden soll. Dazu muß die Biegelinie infolge der Last $P = 1$ am freien Ende ermittelt werden. Die Stabquerschnitte seien der Einfachheit halber für alle Gurtstäbe und Diagonalen konstant angenommen. Die Vertikalstäbe können beliebigen Querschnitt haben, da sie in die Rechnung nicht eingehen.

Ist i ein beliebiger Punkt der Knotenpunkte $1, 2, \ldots, 10$, so ist das Biegemoment des als biegesteifer Stab aufgefaßten Kragträgers nach Bild 12.1b

$$M_i = - P x .$$

Die Stabkräfte O, U, D und V infolge $P = 1$ ergeben sich nach der Ritterschen Schnittmethode aus den Bildern 12.1c, d zu

$$O_i = - \frac{M_i}{\lambda} = \frac{P x_i}{\lambda} = 1 \frac{x_i}{3}$$

$$= O_{i+1}$$

für $i = 2, 4, 6, 8, 10$;

$$U_i = \frac{M_i}{\lambda} = - \frac{P x_i}{\lambda} = - 1 \frac{x_i}{3}$$

$$= U_{i+1}$$

für $i = 1, 3, 5, 7, 9$;

$$D_i = \pm P \sqrt{2} = \pm 1 \sqrt{2} ;$$

$$V_i = 0 .$$

Bild 12.1g zeigt den adjungierten Ersatzbalken mit den W-Gewichten. Sie folgen nach „Statik der Stabtragwerke", Abschnitt 40.1, aus den Stabkräften S infolge der Last $P = 1$ und den Stabkräften $\bar{S}$ infolge der $1/\lambda$-Belastung. Die Ermittlung der Stabkräfte $\bar{S}$ ist für die Knotenpunkte $1 - 9$ in Bild 12.1e und f dargestellt. Man erhält mit den Stablängen s

$$W_i = \sum \frac{S \bar{S}}{E F} s \qquad (12.1)$$

$$= - 1 \left(\frac{x_i}{3} \frac{1}{3} + \frac{x_i}{3} \frac{1}{3} \right) \frac{3}{E F} \quad \text{für } i = 1, 2, \ldots 9 ,$$

$$E F W_i = - \frac{2}{3} x_i .$$

Das W-Gewicht W_{10} charakterisiert die Verdrehung des Stabes $9 - 10$ gegenüber der starren Wand. Das eine Kräftepaar der $1/\lambda$-Belastung wird dabei von der Wand aufgenommen, das andere wirkt mit der Last $1/3$ in 10 nach unten und in 9 nach oben. Die Stabkräfte $\bar{S}$ ergeben sich zu $\bar{O}_{10} = - 1/3$, $\bar{D}_{10} = \sqrt{2}/3$.

Es folgt somit aus Gl. (1)

$$EFW_{10} = 10 \cdot (-1/3) \cdot 3 - \sqrt{2} \cdot \sqrt{2}/3 \cdot \sqrt{2} \cdot 3 = -12,83 \text{ kN} .$$

Bild 12.1h stellt schließlich die Biegelinie dar, die zugleich die gesuchte Einflußlinie ist. Auf die Angabe der Einzelheiten der sehr einfachen Rechnung sei verzichtet.

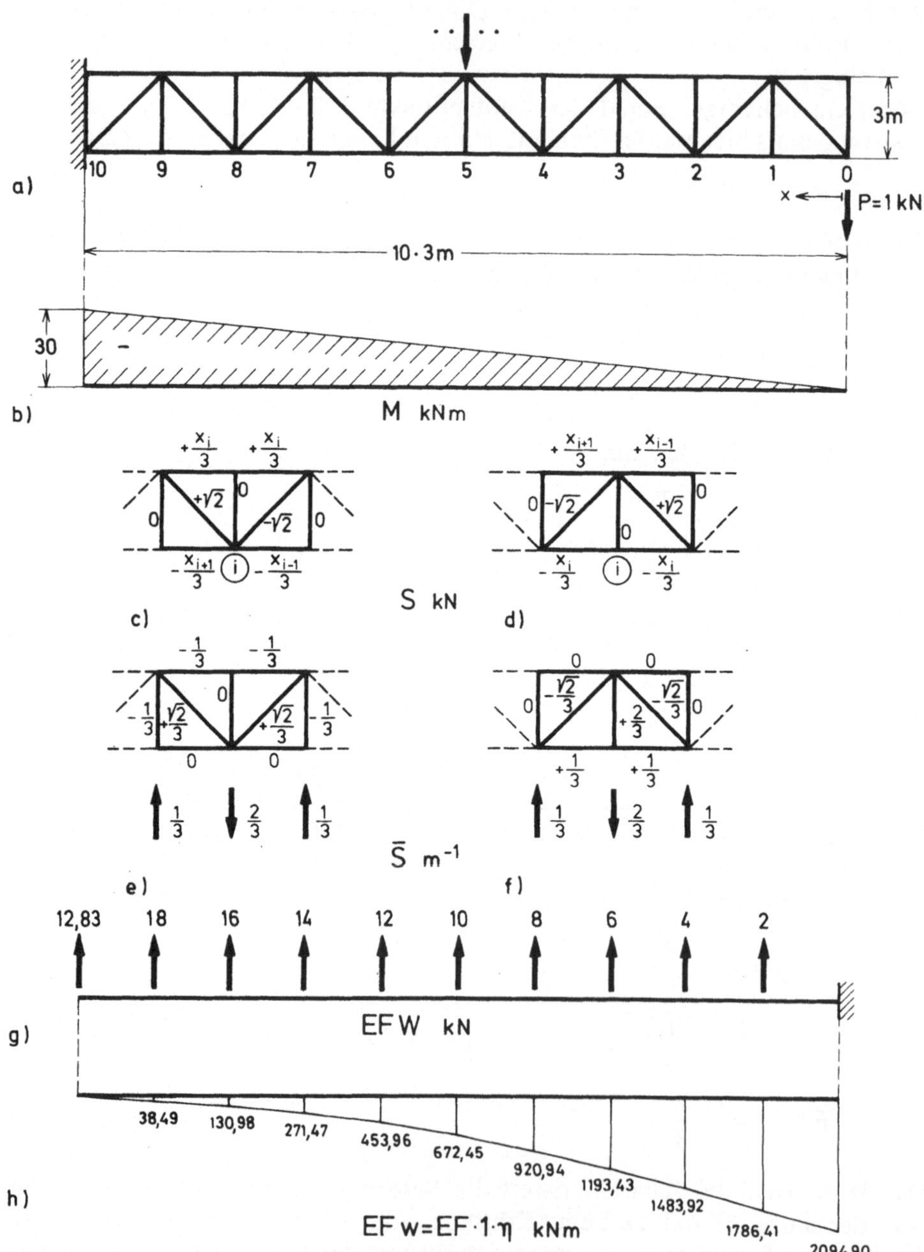

Bild 12.1a−h. Einflußlinie für eine Durchbiegung nach der Methode der *W*-Gewichte

13 Statisch unbestimmte Systeme. Benutzung der Differentialgleichungen

In der folgenden Rechnung werden die Unbekannten durch Integrationskonstanten dargestellt. Diese sind teils Kraftgrößen, teils Formänderungsgrößen. Das Verfahren muß also für die Berechnung statisch unbestimmter Systeme als eine gemischte Methode bezeichnet werden.

Bild 13.1a zeigt einen − dreifach statisch unbestimmten − Vollkreisträger, der an einer starren Stütze eingespannt ist. Die Belastung sei eine radial gerichtete Streckenlast

$$q_z = q \sin \psi \,,$$

die zum Beispiel durch Wind erzeugt werden kann. Der Querschnitt sei für den ganzen Träger konstant.

13.1 Gleichgewichtsbedingungen

Die Auflagerkräfte A und H und das Einspannmoment M_E lassen sich aus den Gleichgewichtsbedingungen für den ganzen Ring berechnen. Dabei ist zu berücksichtigen, daß die Streckenlasten q_z sämtlich durch den Kreismittelpunkt hindurchgehen. Man erhält

$$A = 0 \,,$$

$$H = 2 \int_0^\pi q_z \sin \psi \, r \, \mathrm{d}\psi = 2 \int_0^\pi q \, r \sin^2 \psi \, \mathrm{d}\psi = q \, r \, \pi \,,$$

$$M_E = H \, r = q \, r^2 \, \pi \,.$$

Nach „Statik der Stabtragwerke", Gl. (14.2), gilt für einen Kreisbogen mit radial gerichteter Last q_z

$$\frac{\mathrm{d}N}{\mathrm{d}\psi} - Q = 0 \,, \tag{13.1a}$$

$$\frac{\mathrm{d}Q}{\mathrm{d}\psi} + N + q_z \, r = 0 \,, \tag{13.1b}$$

$$\frac{\mathrm{d}M}{\mathrm{d}\psi} - Q \, r = 0 \,. \tag{13.1c}$$

Dabei ist der früher mit φ bezeichnete Winkel durch ψ ersetzt worden. Es ist zwar $\mathrm{d}\psi = \mathrm{d}\varphi$, nach Bild 13.1b wird jetzt aber ψ von der Einspannstelle des Kreisträgers aus gerechnet, während früher φ im linken Auflager des Halbkreis-Dreigelenkbogens begann.

Aus den Gl. (1a, b) folgt nach Elimination von Q mit $q_z = q \sin \psi$

$$\frac{\mathrm{d}^2 N}{\mathrm{d}\psi^2} + N + q \, r \sin \psi = 0 \,. \tag{13.2}$$

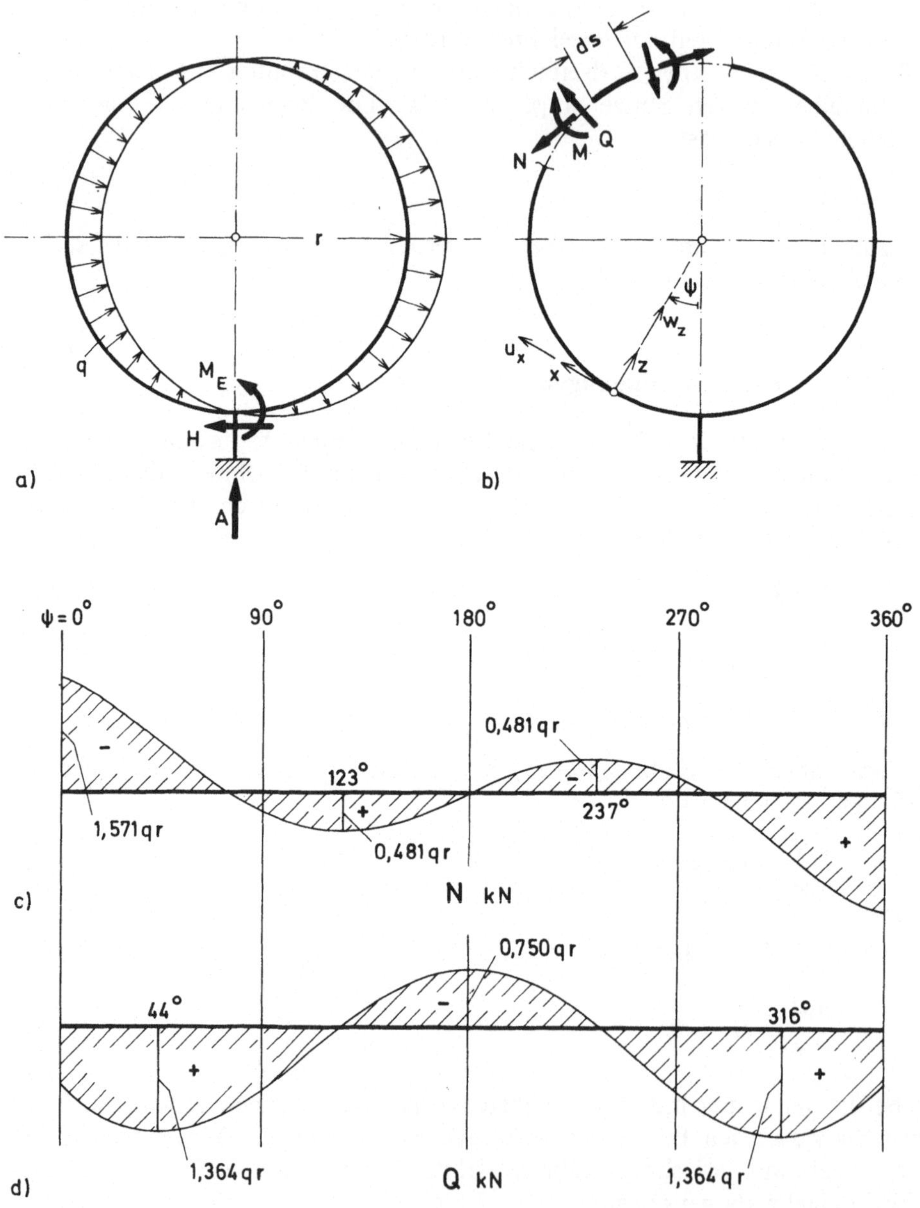

Bild 13.1a−d. Kreisringträger mit Windbelastung. Koordinatensystem und Schnitt-größen

Die allgemeine Lösung dieser Differentialgleichung ist mit den Integrationskonstanten C_1 und C_2

$$N = C_1 \cos \psi + C_2 \sin \psi + q \, \frac{r}{2} \, \psi \cos \psi \,, \tag{13.3a}$$

wie sich durch Einsetzen in Gl. (2) leicht bestätigen läßt. Man bekommt ferner nach den Gl. (1a) und (1c)

$$Q = \frac{\mathrm{d}N}{\mathrm{d}\psi}\,,$$

$$Q = - C_1 \sin \psi + C_2 \cos \psi + q \, \frac{r}{2} \, (\cos \psi - \psi \sin \psi) \,; \tag{13.3b}$$

$$M = N\,r + C_3\,, \tag{13.3c}$$

$$M = C_1\,r \cos \psi + C_2\,r \sin \psi + q \, \frac{r^2}{2} \, \psi \cos \psi + C_3\,. \tag{13.3d}$$

Als nächstes muß der Verformungszustand bestimmt werden.

13.2 Verformungsbedingungen

Nach „Statik der Stabtragwerke", Gl. (39.10), gilt für einen schwach gekrümmten Stab ohne Temperaturänderungen

$$\frac{\mathrm{d}^2w}{\mathrm{d}\xi^2} = - \frac{M}{E\,I} \, \frac{1}{\cos\alpha} - \frac{\mathrm{d}}{\mathrm{d}\xi} \left(\frac{N}{E\,F} \tan\alpha \right), \tag{13.4a}$$

$$\frac{\mathrm{d}u}{\mathrm{d}\xi} = \frac{\mathrm{d}w}{\mathrm{d}\xi} \tan\alpha + \frac{N}{E\,F} \, (1 + \tan^2\alpha) \,. \tag{13.4b}$$

Von dem in Gl. (4) benutzten globalen Koordinatensystem mit den Achsen ξ, η und Verformungen u, w soll jetzt auf ein lokales Koordinatensystem mit den Achsen x, z und Verformungen u_x, w_z (Bild 13.1b) übergegangen werden. Für die Verschiebungen gelten dann die Transformationsgleichungen

$$w = - u_x \sin\alpha + w_z \cos\alpha$$
$$\quad = - u_x \sin\psi - w_z \cos\psi \,,$$
$$u = \quad w_z \sin\alpha - u_x \cos\alpha$$
$$\quad = \quad w_z \sin\psi + u_x \cos\psi \,,$$

wobei wie in den Gleichgewichtsbedingungen der Winkel $\psi = \pi - \alpha$ eingeführt ist. Beachtet man, daß

$$\mathrm{d}\alpha = - \mathrm{d}\psi\,, \quad \mathrm{d}\xi = - r \cos\alpha \, \mathrm{d}\psi$$

ist, so wird letzten Endes aus den Differentialgleichungen (4), wenn auf die etwas umständliche Zwischenrechnung verzichtet wird,

$$\frac{\mathrm{d}^2w_z}{\mathrm{d}\psi^2} + \frac{\mathrm{d}u_x}{\mathrm{d}\psi} = - \frac{M\,r^2}{E\,I}\,, \tag{13.5a}$$

$$\frac{\mathrm{d}u_x}{\mathrm{d}\psi} - w_z = \frac{N\,r}{E\,F}\,. \tag{13.5b}$$

In diesen Gleichungen kommt nur noch $d\psi$ und nicht mehr ψ vor.
Nach Elimination von u_x erhält man aus den Gl. (5)

$$\frac{d^2 w_z}{d\psi^2} + w_z = -\frac{M\,r^2}{E\,I} - \frac{N\,r}{E\,F} \tag{13.6}$$

und daraus mit Gl. (3c)

$$\frac{d^2 w_z}{d\psi^2} + w_z = -\frac{C_3\,r^2}{E\,I} - \frac{N\,r^3}{E\,I}\left(1 + \frac{I}{F\,r^2}\right).$$

In dieser Gleichung wird der Einfluß der Längskraftverformungen durch das Glied I/Fr^2 in der Klammer dargestellt. Setzt man $I/Fr^2 = 1/\lambda^2$, so erkennt man, daß λ als ein Schlankheitsgrad des Kreisringes aufgefaßt werden kann. Im allgemeinen ist $1/\lambda^2 \ll 1$, so daß die Längskraftverformungen vernachlässigt werden können. Wird dieses für das folgende verabredet und $F = \infty$ gesetzt, so ergeben sich aus den Gl. (6) und (5a) die Differentialgleichungen

$$\frac{d^2 w_z}{d\psi^2} + w_z = -\frac{M\,r^2}{E\,I}, \tag{13.7a}$$

$$\frac{d u_x}{d\psi} - w_z = 0. \tag{13.7b}$$

Setzt man nun in Gl. (7a) das Biegemoment M nach Gl. (3d) ein, so ergibt sich die allgemeine Lösung der Gl. (7) mit den Integrationskonstanten C_1 bis C_6 zu

$$\begin{aligned}
w_z = {}&C_4 \cos\psi + C_5 \sin\psi - C_1 \frac{r^3}{2E\,I}\,\psi \sin\psi + C_2 \frac{r^3}{2E\,I}\,\psi \cos\psi - \\
&- C_3 \frac{r^2}{E\,I} - q\,\frac{r^4}{8E\,I}(\psi^2 \sin\psi + \psi \cos\psi),
\end{aligned} \tag{13.8a}$$

$$\begin{aligned}
\frac{d w_z}{d\psi} = {}&- C_4 \sin\psi + C_5 \cos\psi - C_1 \frac{r^3}{2E\,I}(\psi \cos\psi + \sin\psi) + \\
&+ C_2 \frac{r^3}{2E\,I}(\cos\psi - \psi \sin\psi) - q\,\frac{r^4}{8E\,I}(\psi \sin\psi + \psi^2 \cos\psi + \cos\psi),
\end{aligned} \tag{13.8b}$$

$$\begin{aligned}
u_x = {}&C_4 \sin\psi - C_5 \cos\psi - C_1 \frac{r^3}{2E\,I}(\sin\psi - \psi \cos\psi) + \\
&+ C_2 \frac{r^3}{2E\,I}(\cos\psi + \psi \sin\psi) - C_3 \frac{r^2}{E\,I}\,\psi - \\
&- q\,\frac{r^4}{8E\,I}[2\psi \sin\psi - (\psi^2 - 2)\cos\psi + \cos\psi + \psi \sin\psi] + C_6.
\end{aligned} \tag{13.8c}$$

13.3 Bestimmung der Integrationskonstanten

Zuerst werden die beiden Bedingungen benutzt, daß wegen der antimetrischen Symmetrie des Systems die Schnittgrößen N und M im Scheitelpunkt des

Ringträgers verschwinden müssen. Nach Gl. (3a) ist dann

$$\psi = \pi\,, \quad N = 0: \quad -C_1 - q\,\frac{r}{2}\,\pi = 0\,, \quad C_1 = -q\,\frac{r}{2}\,\pi \tag{13.9a}$$

und nach Gl. (3c)

$$\psi = \pi\,, \quad M = 0: \quad C_3 = 0\,. \tag{13.9b}$$

Wegen der starren Einspannung bei $\psi = 0$ müssen dort w_z und $\mathrm{d}w_z/\mathrm{d}\psi$ zu Null werden. Wegen der Periodizität dieser Funktionen gilt dasselbe für den Winkel $\psi = 2\pi$. Man erhält zunächst aus den Gl. (8a) und (9b)

$$\psi = 0\,, \quad w_z = 0: \quad C_4 - C_3\,\frac{r^2}{EI} = 0\,, \quad C_4 = 0 \tag{13.9c}$$

und zusammen mit Gl. (9c)

$$\psi = 2\pi\,, \quad w_z = 0: \quad C_4 + C_2\,\frac{r^3}{2EI}\,2\pi - q\,\frac{r^4}{8EI}\,2\pi = 0\,,$$

$$C_2 = +q\,\frac{r}{4}\,. \tag{13.9d}$$

Ferner folgt aus den Gl. (8b) und (9d)

$$\psi = 0\,, \quad \frac{\mathrm{d}w_z}{\mathrm{d}\psi} = 0: \quad C_5 + C_2\,\frac{r^3}{2EI} - q\,\frac{r^4}{8EI} = 0\,,$$

$$C_5 = 0\,. \tag{13.9e}$$

Die Bedingung $\psi = 2\pi$, $\mathrm{d}w_z/\mathrm{d}\psi = 0$ liefert kein neues Ergebnis, sondern bestätigt nur die Größe von C_2.

Für die Konstante C_6 erhält man weiterhin aus den Gl. (8c) und (9c,d) wegen der starren Einspannung des Ringträgers

$$\psi = 0\,, \quad u = 0: \quad C_4 + C_2\,\frac{r^3}{2EI} - 3q\,\frac{r^4}{8EI} + C_6 = 0\,,$$

$$C_6 = \frac{1}{4}\,q\,\frac{r^4}{EI}\,. \tag{13.9f}$$

Die Größen N, Q, M, w_z und u_x ergeben sich nunmehr aus den Gl. (3) und (8) mit den Konstanten nach den Gl. (9) zu

$$N = q\,\frac{r}{4}\,[\sin\psi + 2\,(\psi - \pi)\cos\psi]\,,$$

$$Q = q\,\frac{r}{4}\,[3\cos\psi - 2\,(\psi - \pi)\sin\psi]\,,$$

$$M = N\,r\,,$$

$$w_z = q\,\frac{r^4}{8EI}\,\psi\,(2\pi - \psi)\sin\psi\,,$$

$$u_x = q\,\frac{r^4}{8EI}\,[2\,(\pi - \psi)\sin\psi + \psi\,(\psi - 2\pi)\cos\psi - 2\cos\psi + 2]\,.$$

Besonders auffallend ist dabei, daß M proportional N ist. In den Bildern
13.1c,d und 13.2b,c sind die Schnittgrößen und die Verschiebungen in Ab-
hängigkeit von der Kreisringabwicklung dargestellt. Bild 13.2a zeigt die
Resultierenden von u_x und w_z. Der Sprung der Längskraft und des Biegemomentes sind gleich der Lagerkraft H und dem Einspannmoment M_E, was
als Probe der Rechnung angesehen werden kann.

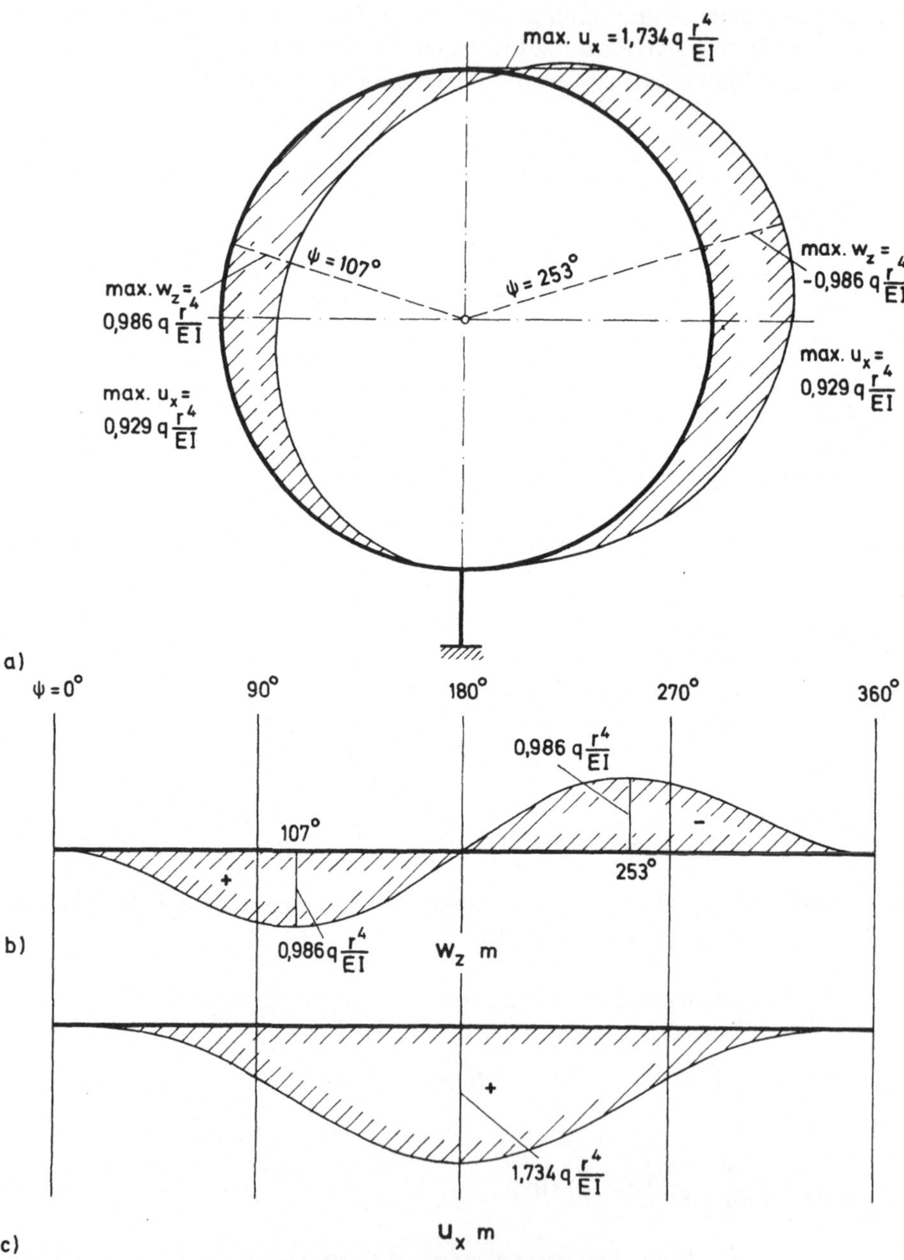

Bild 13.2a–c. Kreisringträger mit Windbelastung. Verformungen

14 Statisch unbestimmtes System. Kraftgrößenverfahren

Das System von Bild 14.1a zeigt ein dreifach unbestimmtes System, das hinsichtlich Längenabmessungen und Steifigkeiten symmetrisch ist, jedoch eine unsymmetrisch verteilte Belastung hat. Diese ist nach dem Verfahren der Belastungsumordnung in einen antisymmetrischen Teil nach Bild 14.1b und in einen symmetrischen Teil nach Bild 14.2a aufzuspalten. Es verbleiben dann nur eine Unbestimmtheit für die Antisymmetrie und zwei für die Symmetrie.

Der Lastspannungszustand für Antisymmetrie und der Eigenspannungszustand $X_a = 1$ sind in Bild 14.1b, c dargestellt. Bei dem ersteren ist ein Hauptsystem verwendet worden, bei dem in den Punkten d, f und h Gelenke eingeführt sind. Dieses System ist verschieblich, und zwar in folgender Art. Würde man nur in d und h normale Gelenke, in f aber ein Halbgelenk anordnen, das nur die Steifigkeit des Stieles $b-f$ unterbricht, so würde ein den Abzählbedingungen nach statisch bestimmtes System entstehen. Es würde aber der Ausnahmefall vorliegen, da das System seitlich verschieblich wäre. Bei der hier vorliegenden Belastung durch senkrechte Kräfte würde dann die Bestimmung der Stabkräfte in den Stielen $a-h$, $b-f$ und $c-d$ statisch unbestimmt werden. Zur Aufhebung dieser Unbestimmtheit wird ein Vollgelenk in f eingeführt. Damit ergibt sich die Biegemomentenlinie nach Bild 14.1b.

Ähnlich liegen die Dinge bei dem Eigenspannungszustand nach Bild 14.1c. Hier ist ein einfach unbestimmtes Hauptsystem benutzt, wobei das Gleichgewicht der Biegemomentenlinie ohne weiteres offensichtlich ist. Es ist lediglich noch zu erwähnen, daß der Verlauf des Biegemomentes im Stiel $b-f$ in der Tat antisymmetrisch ist. Um das einzusehen, muß man sich den Stiel in der Symmetrielinie geteilt denken und jeder Hälfte das halbe Biegemoment zuweisen. Weiterhin muß man an jeder Stielhälfte eine andere gestrichelte „Vorzeichenlinie" unter Beachtung der Symmetrie einzeichnen.

Aus den Bildern 14.1b und c ergibt sich nun sofort ohne weitere Rechnung, daß bei Beachtung der Symmetrie $\delta_{a,L} = 0$ und damit auch $X_a = 0$ wird. Der gewählte Lastspannungszustand am Hauptsystem ist also zugleich der wirkliche Lastspannungszustand.

Für die symmetrische Belastung gelten die Bilder 14.2a−c. In allen drei Fällen ist das verschiebliche Hauptsystem von Bild 14.1b benutzt worden. Setzt man

$$I_1 = I, \qquad I_2 = I_3 = 2I,$$

so ergeben sich folgende δ-Werte, wobei die Einzelheiten der Berechnung hier übergangen seien,

$$EI\,\delta_{bb} = 5, \qquad EI\,\delta_{b,L} = 270,$$
$$EI\,\delta_{bc} = 4{,}375, \qquad EI\,\delta_{c,L} = 438{,}75,$$
$$EI\,\delta_{cc} = 16.$$

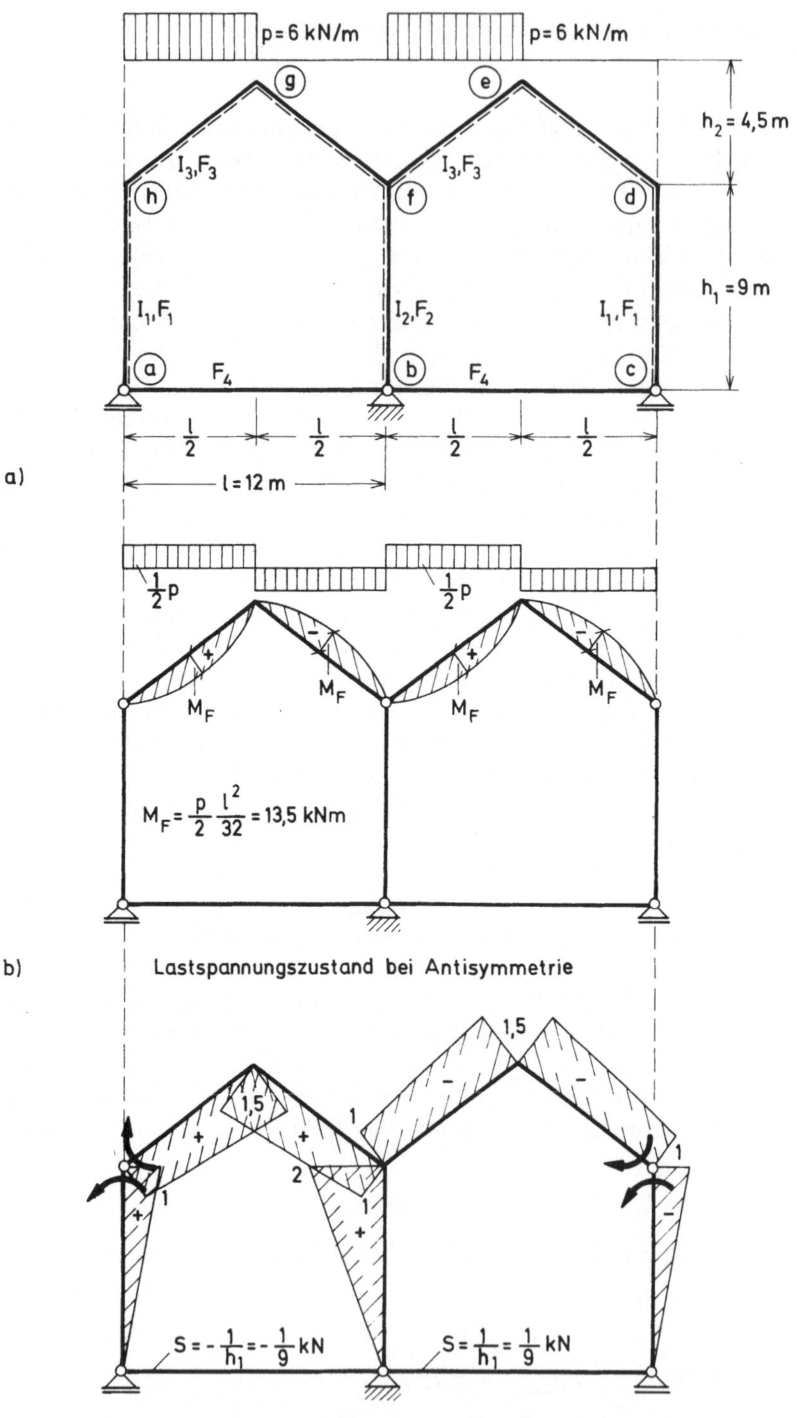

Bild 14.1 a−c. Binder einer zweischiffigen Halle. Systemskizze und antisymmetrische Belastung

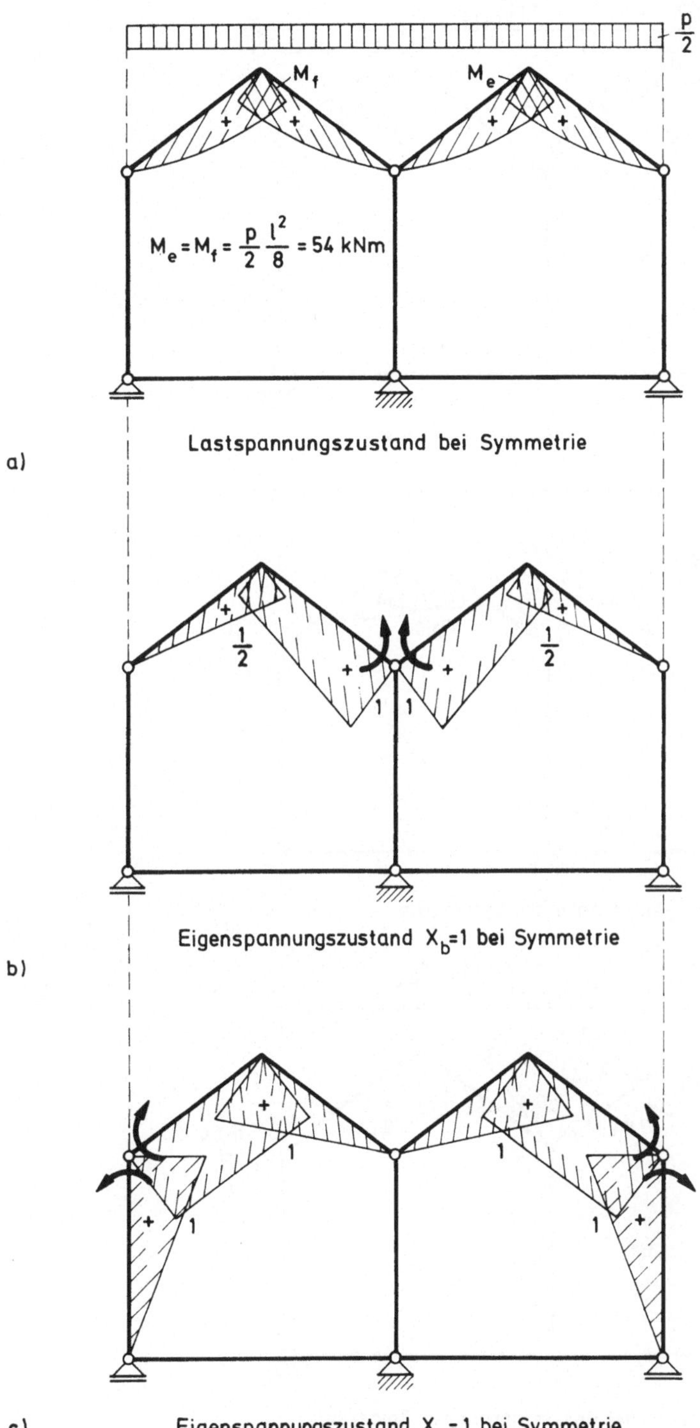

Bild 14.2 a—c. Binder einer zweischiffigen Halle. Symmetrische Belastung

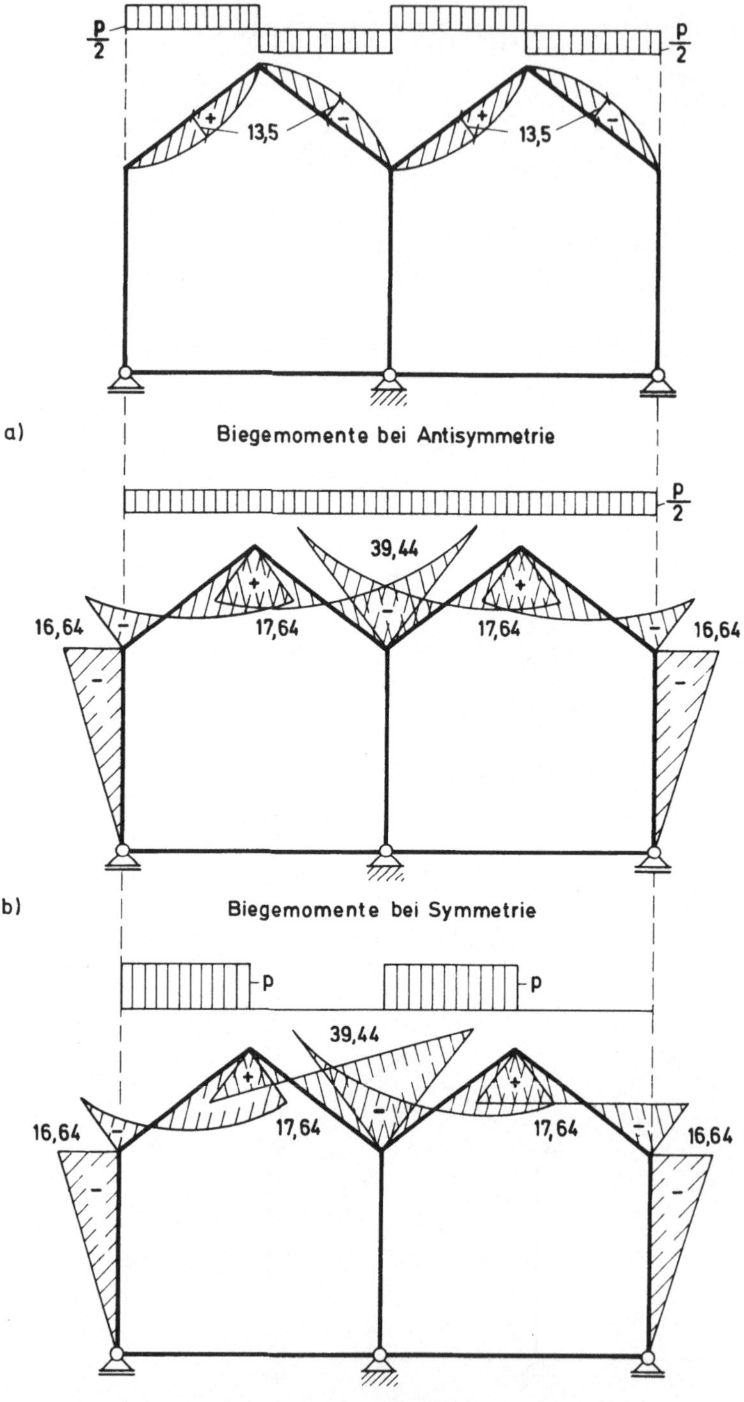

Bild 14.3a–c. Binder einer zweischiffigen Halle. Endgültige Biegemomente

Die Auflösung der Elastizitätsgleichungen

$$\begin{bmatrix} 5 & 4{,}375 \\ 4{,}375 & 16 \end{bmatrix} \begin{bmatrix} X_b \\ X_c \end{bmatrix} + \begin{bmatrix} 270 \\ 438{,}75 \end{bmatrix} = 0$$

liefert die Unbekannten

$$X_b = -\,39{,}44\,, \qquad X_c = -\,16{,}64\,.$$

Die endgültigen Biegemomente sind in Bild 14.3a für die antimetrische Belastung, in Bild 14.3b für die symmetrische Belastung und in Bild 14.3c für die Gesamtbelastung dargestellt.

15 Einflußlinien für Kraftgrößen

15.1 Untersuchtes System und Eigenspannungszustände

Für das dreifach statisch unbestimmte System von Bild 15.1a sei eine Einflußlinie für eine Kraftgröße ermittelt. Es handelt sich um einen über vier Lager
durchlaufenden Balken. Die beiden äußeren Lager in Punkt 3 und Punkt 6
sind gelenkig und verschieblich, die beiden inneren bei Punkt 4 und Punkt 5
sind zwei biegesteif an den Balken angeschlossene Stützen. Die Abmessungen
gehen aus Bild 15.1a hervor; für die Trägheitsmomente möge gelten

$$I_{3-4} = I_{\mathrm{c}}, \quad I_{1-4} = \frac{2}{3} I_{\mathrm{c}}, \quad I_{2-5} = I_{4-5} = \frac{5}{6} I_{\mathrm{c}}, \quad I_{5-6} = \frac{7}{9} I_{\mathrm{c}}.$$

Der Verformungseinfluß von Längskräften und Querkräften wird vernachlässigt.

Bild 15.1b zeigt das gewählte Hauptsystem. Im Punkte 4 sei nur die Biegesteifigkeit des Balkens mit einem Halbgelenk unterbrochen, in Punkt 5 sei ein
Vollgelenk angeordnet. Die durch $1 \cdot X_{\mathrm{a}}$, $1 \cdot X_{\mathrm{b}}$, $1 \cdot X_{\mathrm{c}}$ erzeugten Biegemomente M_{a}, M_{b}, M_{c} gehen aus den Bildern 15.1c, d, e hervor.

Für die hier dimensionslosen δ-Zahlen gilt dann

$$E I_{\mathrm{c}}\, \delta_{\mathrm{aa}} = \frac{1}{3} \cdot 1 \cdot 1 \cdot 36 + \frac{1}{3} \cdot \frac{6}{5} \cdot \frac{35}{50} \cdot \frac{35}{50} \cdot 35 + \frac{1}{3} \cdot \frac{3}{2} \cdot \frac{15}{50} \cdot \frac{15}{50} \cdot 20$$

$$= 19{,}76 \,\mathrm{kN\,m}^2,$$

$$E I_{\mathrm{c}}\, \delta_{\mathrm{bb}} = \frac{1}{3} \cdot \frac{3}{2} \cdot \frac{21}{35} \cdot \frac{21}{35} \cdot 20 + \frac{1}{3} \cdot \frac{9}{7} \cdot 1 \cdot 1 \cdot 35 + \frac{1}{6} \cdot \frac{6}{5} \cdot 35 \cdot$$

$$\cdot \left[\frac{21}{35} \left(2 \cdot \frac{21}{35} + 1 \right) + 1 \left(2 \cdot 1 + \frac{21}{35} \right) \right]$$

$$= 46{,}04 \,\mathrm{kN\,m}^2,$$

$$E I_{\mathrm{c}}\, \delta_{\mathrm{cc}} = \frac{1}{3} \cdot \frac{3}{2} \cdot 1 \cdot 1 \cdot 20 + \frac{1}{3} \cdot \frac{6}{5} \cdot 1 \cdot 1 \cdot 25 + \frac{6}{5} \cdot 1 \cdot 1 \cdot 35$$

$$= 62{,}00 \,\mathrm{kN\,m}^2,$$

$$E I_{\mathrm{c}}\, \delta_{\mathrm{ab}} = -\frac{1}{3} \cdot \frac{3}{2} \cdot \frac{21}{35} \cdot \frac{15}{50} \cdot 20 + \frac{1}{6} \cdot \frac{6}{5} \cdot \frac{35}{50} \cdot 35 \left(2 \cdot \frac{21}{35} + 1 \right)$$

$$= 8{,}98 \,\mathrm{kN\,m}^2,$$

$$E I_{\mathrm{c}}\, \delta_{\mathrm{ac}} = -\frac{1}{3} \cdot \frac{3}{2} \cdot 1 \cdot \frac{15}{50} \cdot 20 + \frac{1}{2} \cdot \frac{6}{5} \cdot \frac{35}{50} \cdot 1 \cdot 35$$

$$= 11{,}70 \,\mathrm{kN\,m}^2,$$

$$E I_{\mathrm{c}}\, \delta_{\mathrm{bc}} = \frac{1}{3} \cdot \frac{3}{2} \cdot 1 \cdot \frac{21}{35} \cdot 20 + \frac{1}{2} \cdot \frac{6}{5} \cdot 1 \cdot 35 \left(1 + \frac{21}{35} \right)$$

$$= 39{,}60 \,\mathrm{kN\,m}^2.$$

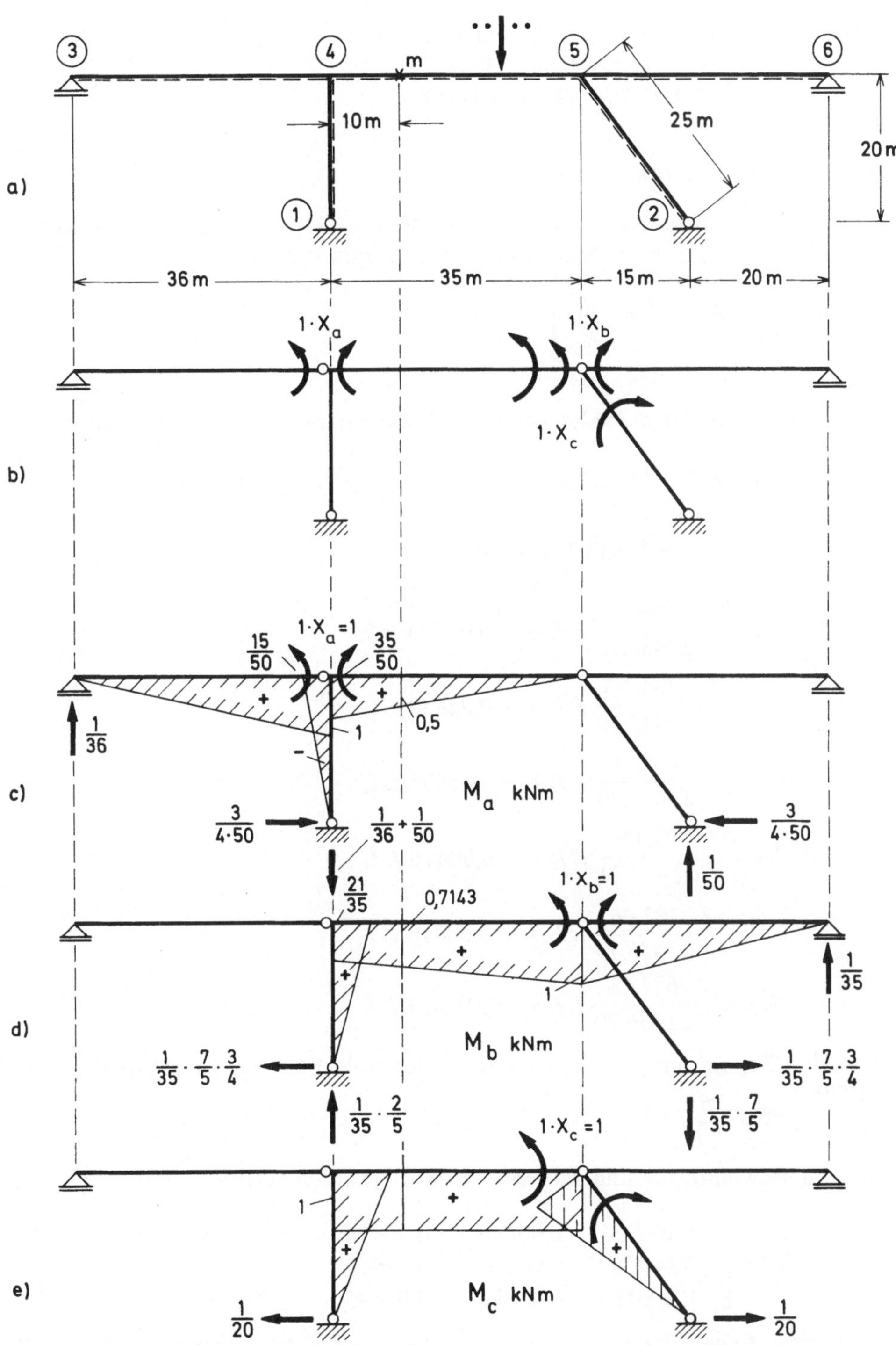

Bild 15.1 a−e. Untersuchtes System und Eigenspannungszustände

In einer Matrix zusammengefaßt wird

$$\boldsymbol{\delta} = \frac{1}{E\,I_c} \begin{bmatrix} 19{,}76 & 8{,}98 & 11{,}70 \\ 8{,}98 & 46{,}04 & 39{,}60 \\ 11{,}70 & 39{,}60 & 62{,}00 \end{bmatrix} . \tag{15.1}$$

15.2 Verwendung von β-Zahlen

Bildet man die negative Kehrmatrix der Matrix (1), so erhält man die Matrix der β-Zahlen („Statik der Stabtragwerke", Abschnitt 52)

$$\boldsymbol{\beta} = \begin{bmatrix} \beta_{a,a} & \beta_{a,b} & \beta_{a,c} \\ \beta_{b,a} & \beta_{b,b} & \beta_{b,c} \\ \beta_{c,a} & \beta_{c,b} & \beta_{c,c} \end{bmatrix} . \tag{15.2}$$

Die Berechnung der β-Zahlen ergibt sich unter Benutzung von Determinanten:

$$N = \det \boldsymbol{\delta} = (25\,417{,}68 - 839{,}09 - 2141{,}80) \left(\frac{1}{E\,I_c}\right)^3$$

$$= 22\,436{,}79 \left(\frac{1}{E\,I_c}\right)^3 ;$$

$$\beta_{a,a} = -\frac{1286{,}32}{22\,436{,}79} E\,I_c = -0{,}05733\ E\,I_c ,$$

$$\beta_{b,b} = -\frac{1088{,}23}{22\,436{,}79} E\,I_c = -0{,}04850\ E\,I_c ,$$

$$\beta_{c,c} = -\frac{829{,}11}{22\,436{,}79} E\,I_c = -0{,}03695\ E\,I_c ,$$

$$\beta_{a,b} = \frac{93{,}44}{22\,436{,}79} E\,I_c = 0{,}00416\ E\,I_c ,$$

$$\beta_{a,c} = \frac{183{,}06}{22\,436{,}79} E\,I_c = 0{,}00816\ E\,I_c ,$$

$$\beta_{b,c} = \frac{677{,}43}{22\,436{,}79} E\,I_c = 0{,}03019\ E\,I_c .$$

Um das $E\,I_c$ in den β-Zahlen nicht immer mitschleppen zu müssen, sei die Größe

$$\beta^* = \frac{\beta}{E\,I_c}$$

eingeführt, womit sich folgende Matrix der β^*-Zahlen ergibt

$$\boldsymbol{\beta^*} = \begin{bmatrix} -0{,}05733 & 0{,}00416 & 0{,}00816 \\ 0{,}00416 & -0{,}04850 & 0{,}03019 \\ 0{,}00816 & 0{,}03019 & -0{,}03695 \end{bmatrix} . \tag{15.3}$$

Hieraus folgen nach „Statik der Stabtragwerke", Abschnitt 53.2, Gl. (53.3a, b) die Einflußlinien für die statisch Unbestimmten. Dabei ist zunächst das Hauptsystem mit den entsprechenden β-Zahlen bzw. β^*-Zahlen zu belasten. Dieses ist in den Bildern 15.2a, 15.3a, 15.4a für X_a, X_b und X_c dargestellt. Weiterhin müssen die Biegelinien aus dieser Belastung berechnet werden, was dann erst die Einflußlinien liefert. Diese Berechnung erfolgt mit Hilfe der ω-Zahlen, wobei für jeden Systemabschnitt die Randbedingungen durch eine „Verschiebungsfigur für die ω-Zahlen" berücksichtigt werden müssen (wie in Abschnitt 11.2). Die gesuchten Einflußlinien gehen dann aus den Bildern 15.2e, 15.3e und 15.4e hervor.

Zu den Einheiten ist noch folgendes zu sagen. Die Unbestimmten X sind stets und die δ-Zahlen in diesem Fall dimensionslos. Die β-Zahlen werden ebenfalls dimensionslos. Die $1 \cdot \beta$-Belastung, die aus Momenten besteht, hat die Einheit kN m. Bei Einführung von β^* wird aber noch durch $E I_c$ kN m^2 dividiert, so daß sich

$$\frac{\mathrm{kN\,m}}{\mathrm{kN\,m^2}} = \mathrm{m}^{-1}$$

als Einheit für $1 \cdot \beta^*$ und die dadurch erzeugten Biegemomente $M\,(1 \cdot \beta^*)$ ergibt.

Die endgültige Einflußlinie sei für das Biegemoment an einer Stelle m ermittelt, die im Feld zwischen den Stützen liegt und in den Bildern 15.1a und 15.5a durch ein Kreuz angedeutet ist. Zuerst ist hierfür die Einflußlinie $M_m^{(0)}$ am statisch bestimmten Hauptsystem zu ermitteln, die in Bild 15.5a dargestellt ist. Dazu müssen die mit den Werten

$$M_{m,a} = 0,5\,\mathrm{kN\,m}\,, \qquad M_{m,b} = 0,7143\,\mathrm{kN\,m}\,, \qquad M_{m,c} = 1,0\,\mathrm{kN\,m}$$

multiplizierten Einflußlinien für X_a, X_b und X_c zu der Einflußlinie am statisch bestimmten Hauptsystem addiert werden. Das Ergebnis zeigt Bild 15.5e. Dabei sind die Ordinaten der zu überlagernden Linien in den Feldmitten angegeben.

15.3 Verwendung von γ-Zahlen

Die γ-Zahlen ergeben sich durch eine einfache Rechnung aus den β-Zahlen. Dieses sei für die Berechnung der Einflußlinie Q_m gezeigt. Man bekommt nach „Statik der Stabtragwerke", Abschnitt 53.2,

$$\begin{aligned}
\gamma_{m,a} &= Q_{m,a}\,\beta_{a,a} + Q_{m,b}\,\beta_{a,b} + Q_{m,c}\,\beta_{a,c} \\
&= ((-0,02) \cdot (-0,05733) + 0,01143 \cdot 0,00416 + 0)\,E I_c \\
&= 1,194 \cdot 10^{-3}\,E I_c\,\mathrm{m}^{-1}
\end{aligned}$$

und entsprechend

$$\begin{aligned}
\gamma_{m,b} &= ((-0,02) \cdot 0,00416 + 0,01143 \cdot (-0,04850) + 0)\,E I_c \\
&= -0,6376 \cdot 10^{-3}\,E I_c\,\mathrm{m}^{-1}\,, \\
\gamma_{m,c} &= ((-0,02) \cdot 0,00816 + 0,01143 \cdot 0,03019 + 0)\,E I_c \\
&= 0,1819 \cdot 10^{-3}\,E I_c\,\mathrm{m}^{-1}\,,
\end{aligned}$$

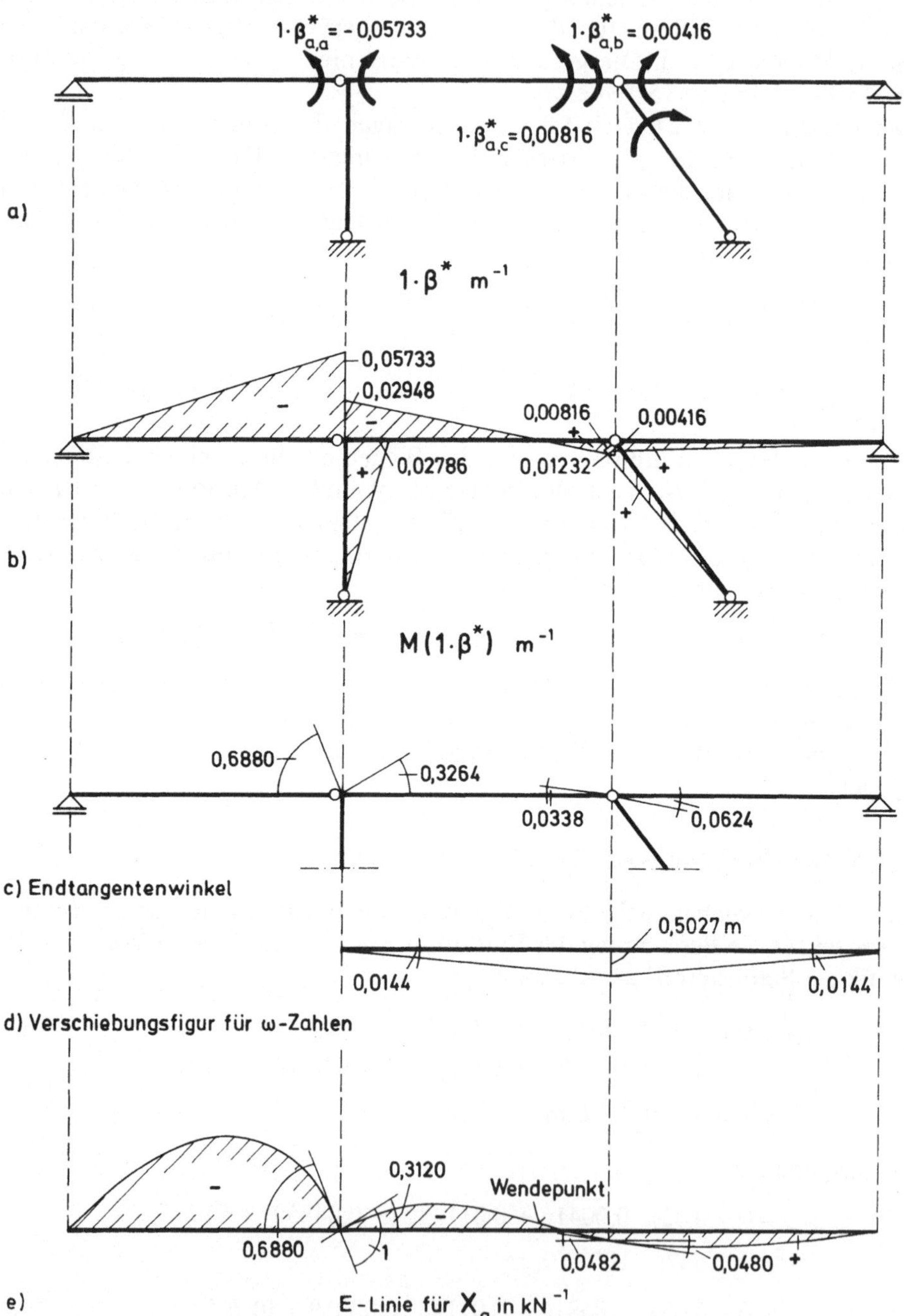

Bild 15.2a−e. Einflußlinie für X_a

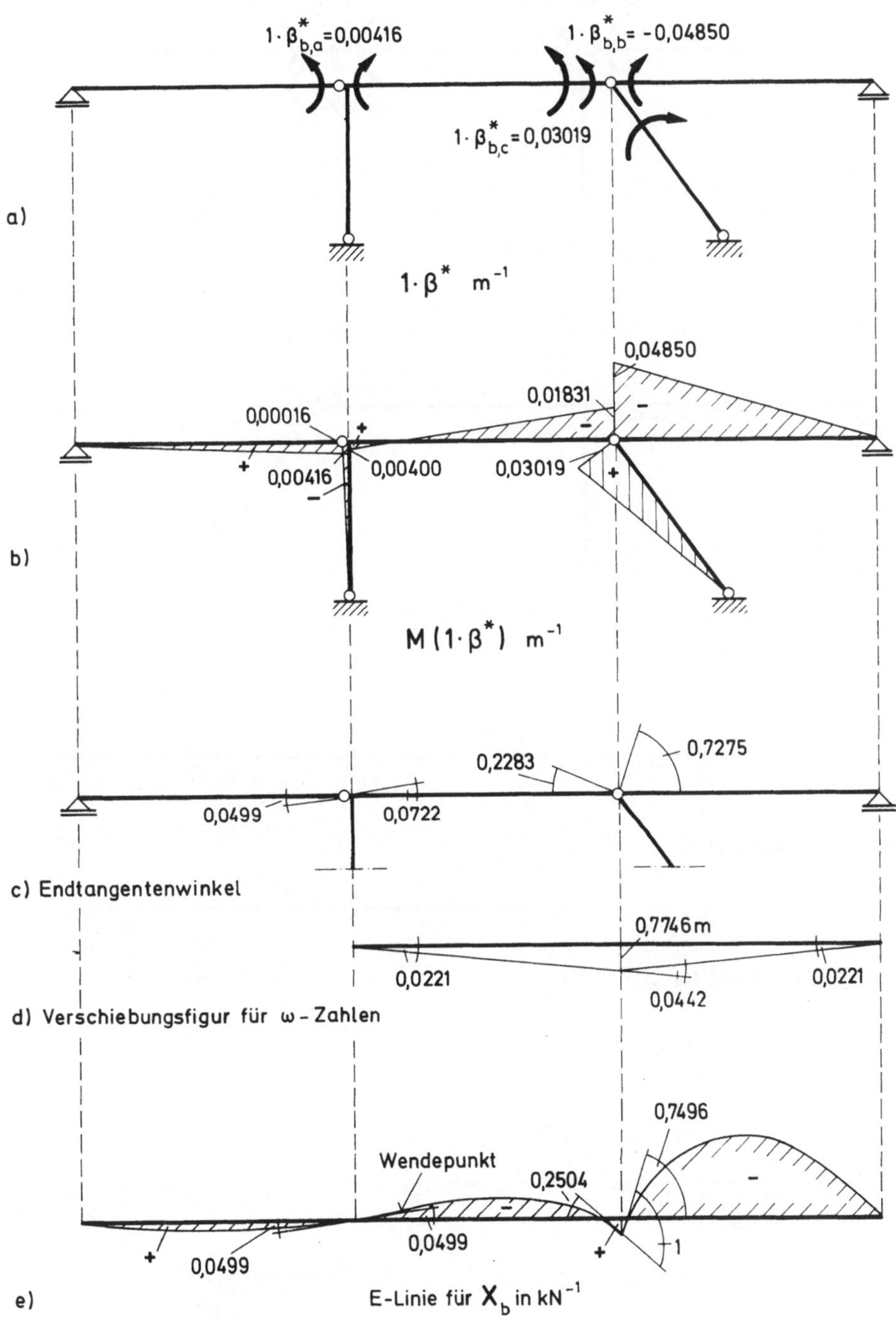

Bild 15.3 a—e. Einflußlinie für X_b

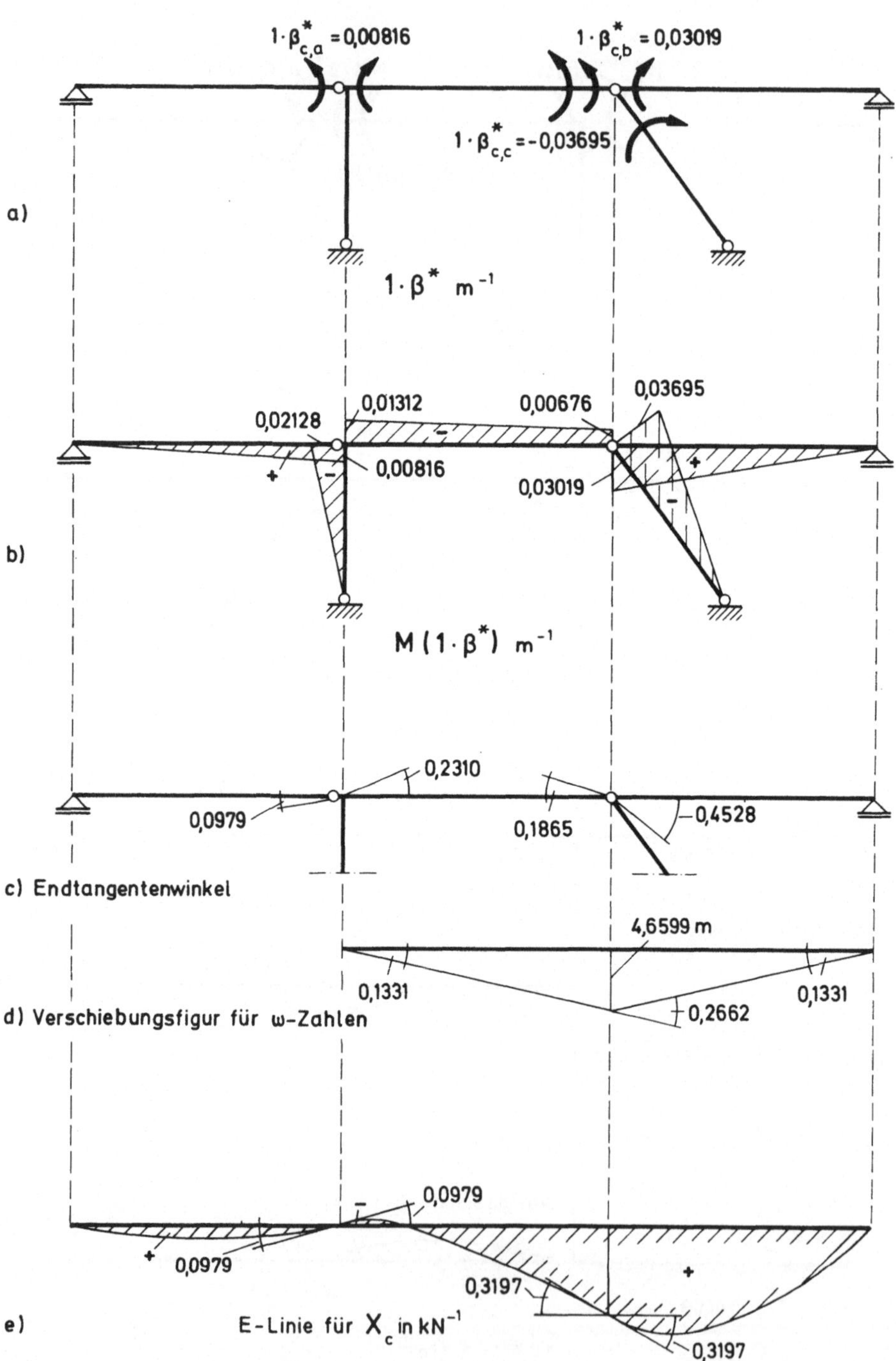

Bild 15.4a–e. Einflußlinie für X_c

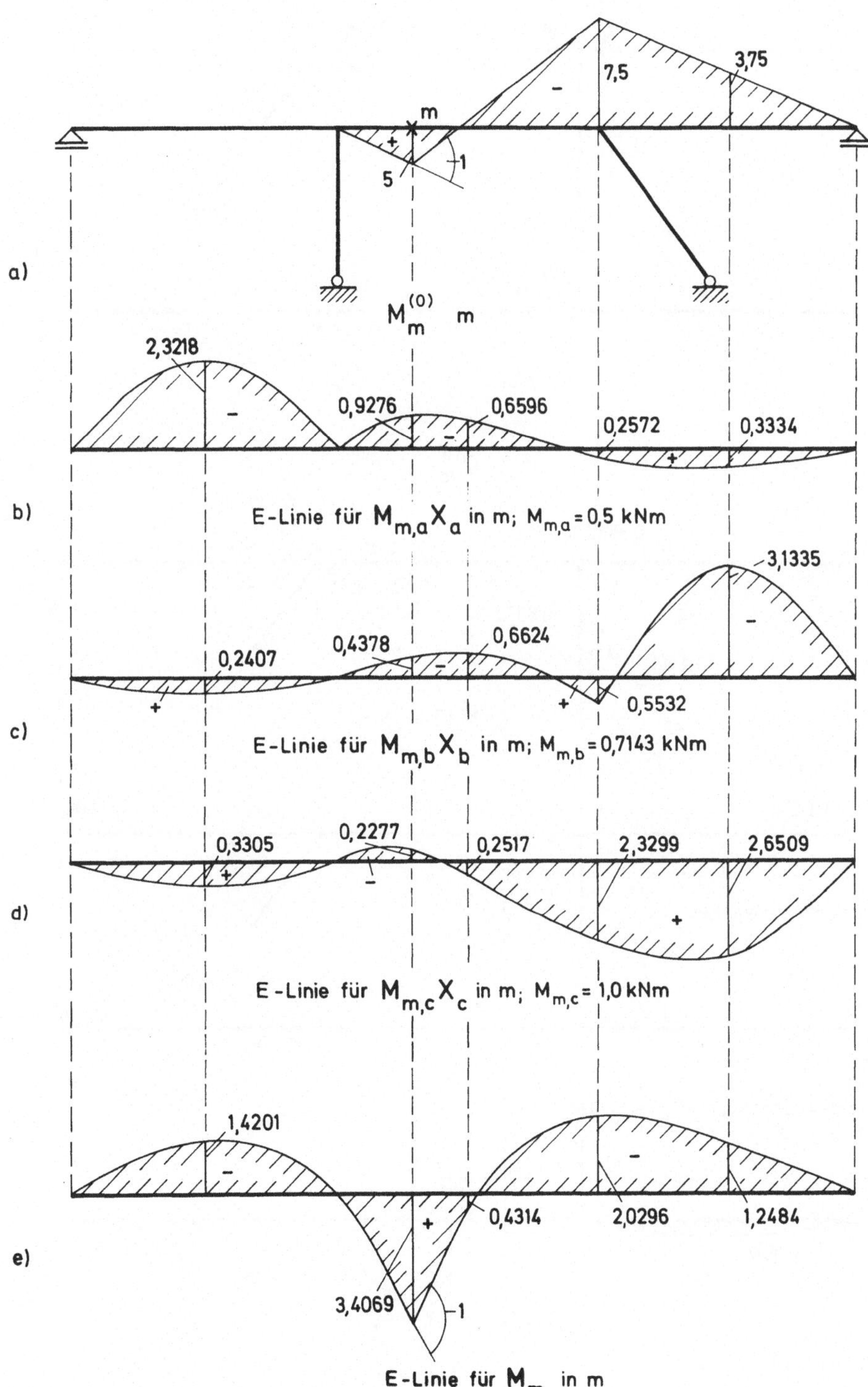

Bild 15.5 a–e. Endgültige Einflußlinie für M_m

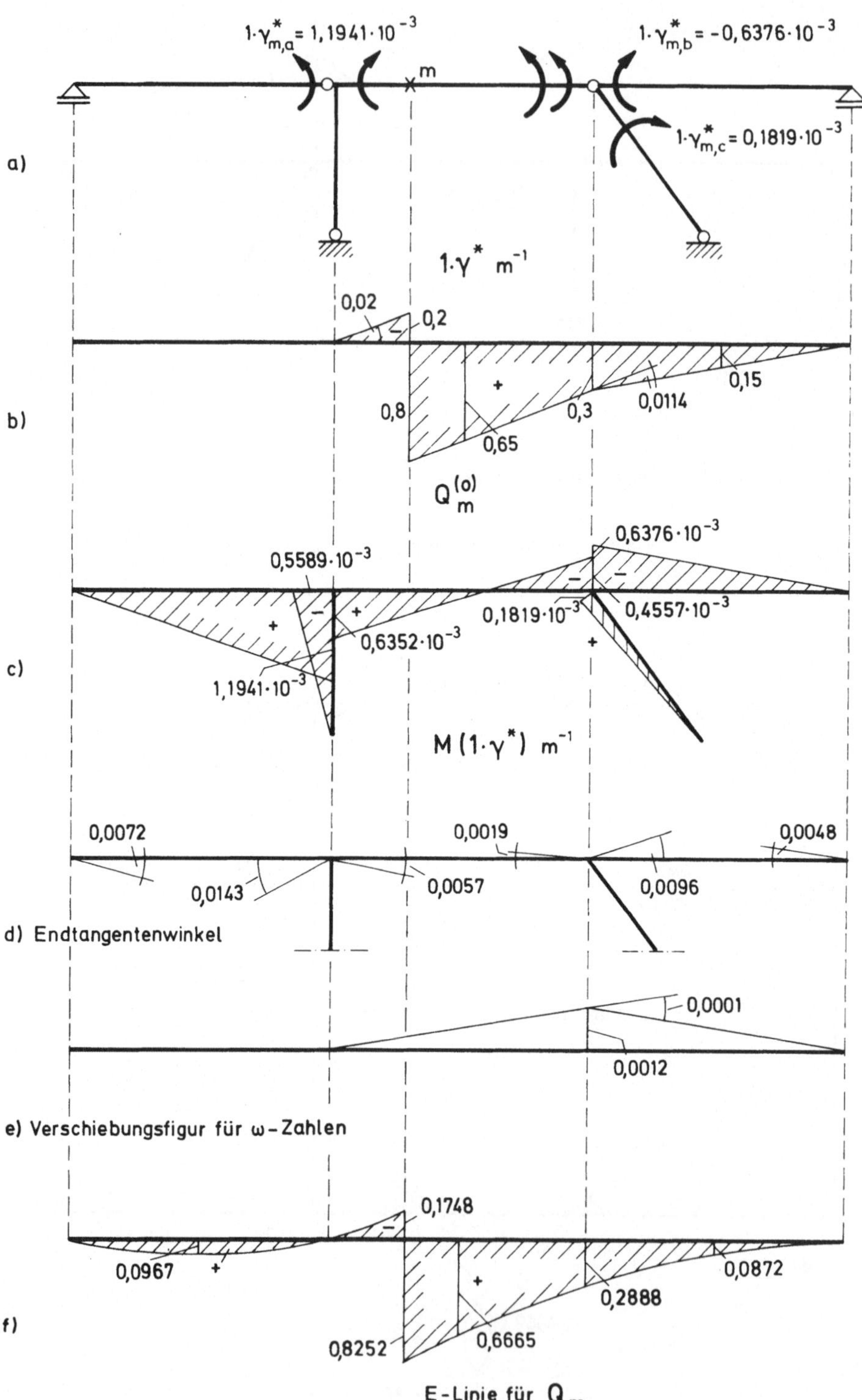

Bild 15.6a–f. Einflußlinie für Q_m

mit denen das System jetzt nach Bild 15.6 a zu belasten ist. Die daraus berechnete Biegelinie liefert die Einflußlinie für Q_m.

Als Kontrolle der Rechnung kann verschiedenes unternommen werden. Stets können einzelne Verformungen mit dem Arbeitssatz berechnet werden, beispielsweise die Endtangentenwinkel der Verschiebungsfigur für die ω-Zahlen. Auf jeden Fall sollte aber immer nachgeprüft werden, ob die berechneten Einflußlinien auch die Biegelinien am $(n-1)$fach unbestimmten System sind.

16 Räumliches System

Der in Bild 16.1a dargestellte räumliche Rahmen ist 6fach statisch unbestimmt, da beim Aufschneiden des horizontalen Riegels 6 Schnittgrößen zu Null werden. Weil aber das System eine Symmetrieebene aufweist, reduziert sich bei symmetrischen bzw. antisymmetrischen Belastungen die Anzahl der Unbestimmten auf je 3. Aus den in Bild 16.1b,c,d dargestellten Belastungen mit den Einzelkräften P_x, P_y, P_z in Rahmenmitte im Punkte m folgen zwei symmetrische und ein antisymmetrischer Spannungszustand.

Bei der Wahl des Hauptsystems spielt bei räumlichen Systemen das Zustandekommen einfacher Zustandslinien eine weit wichtigere Rolle als bei ebenen Systemen. Nach den Bildern 16.2, 16.3 und 16.4 werden für die Eigenspannungszustände und die Lastspannungszustände verschiedene Hauptsysteme verwendet. Bei allen Eigenspannungszuständen wurde das System in der Symmetrieebene im Punkte m durchgeschnitten. Der Verlauf der Schnittgrößen wurde häufig nur für das halbe System gezeichnet. Die symmetrischen Unbekannten seien X_a, X_b, X_c, die antisymmetrischen X_d, X_e, X_f.

Für die in allen Stäben gleichgroßen Steifigkeiten möge gelten

$$E I = E I_y = E I_z = 2 G I_D .$$

Damit ergeben sich aus den Bildern 16.2 und 16.3 für die Eigenspannungszustände die folgenden beiden Gleichungen für die statisch Unbestimmten

für Symmetrie

$$\begin{bmatrix} 18 & 0 & -18 \\ 0 & 21 & 40,5 \\ -18 & 40,5 & 189 \end{bmatrix} \begin{bmatrix} X_a \\ X_b \\ X_c \end{bmatrix} + E I\,\delta_{L,sym} = 0 ,$$

für Antisymmetrie

$$\begin{bmatrix} 21 & -22,5 & 18 \\ -22,5 & 567 & -54 \\ 18 & -54 & 684 \end{bmatrix} \begin{bmatrix} X_d \\ X_e \\ X_f \end{bmatrix} + E I\,\delta_{L,ant} = 0 .$$

Diese Gleichungen gelten noch für eine beliebige symmetrische und antisymmetrische Belastung. Für die Lastglieder nach den Bildern 16.1b,c,d und 16.4 ergibt sich

für $P_x = -1\,kN$

$$\delta_{L,ant} = \begin{bmatrix} 9 \\ -135 \\ 99 \end{bmatrix} ,$$

für $P_y = -1\,kN$

$$\delta_{L,sym} = \begin{bmatrix} 0 \\ 9 \\ 0 \end{bmatrix} ,$$

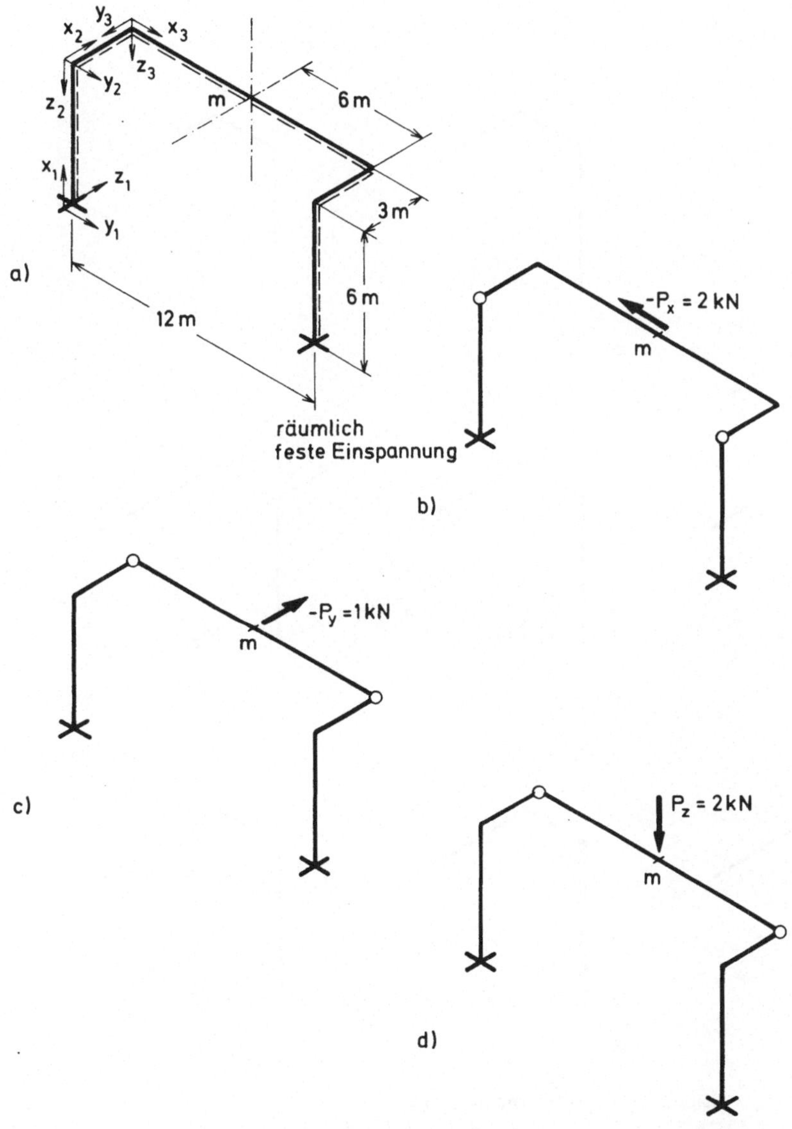

Bild 16.1 a–d. System und Belastungen mit zugehörigen Hauptsystemen

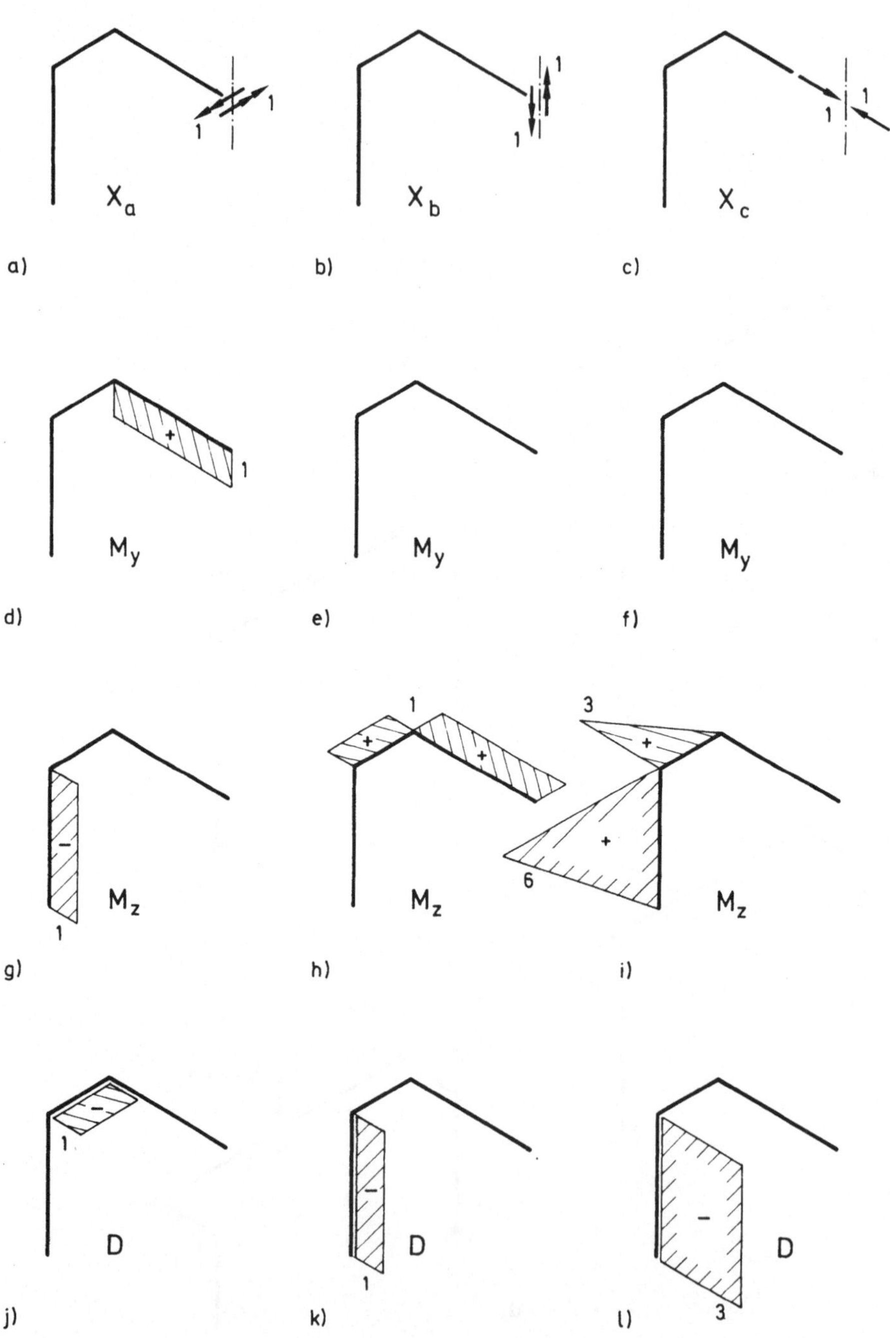

Bild 16.2a–l. Schnittgrößen der symmetrischen Eigenspannungszustände

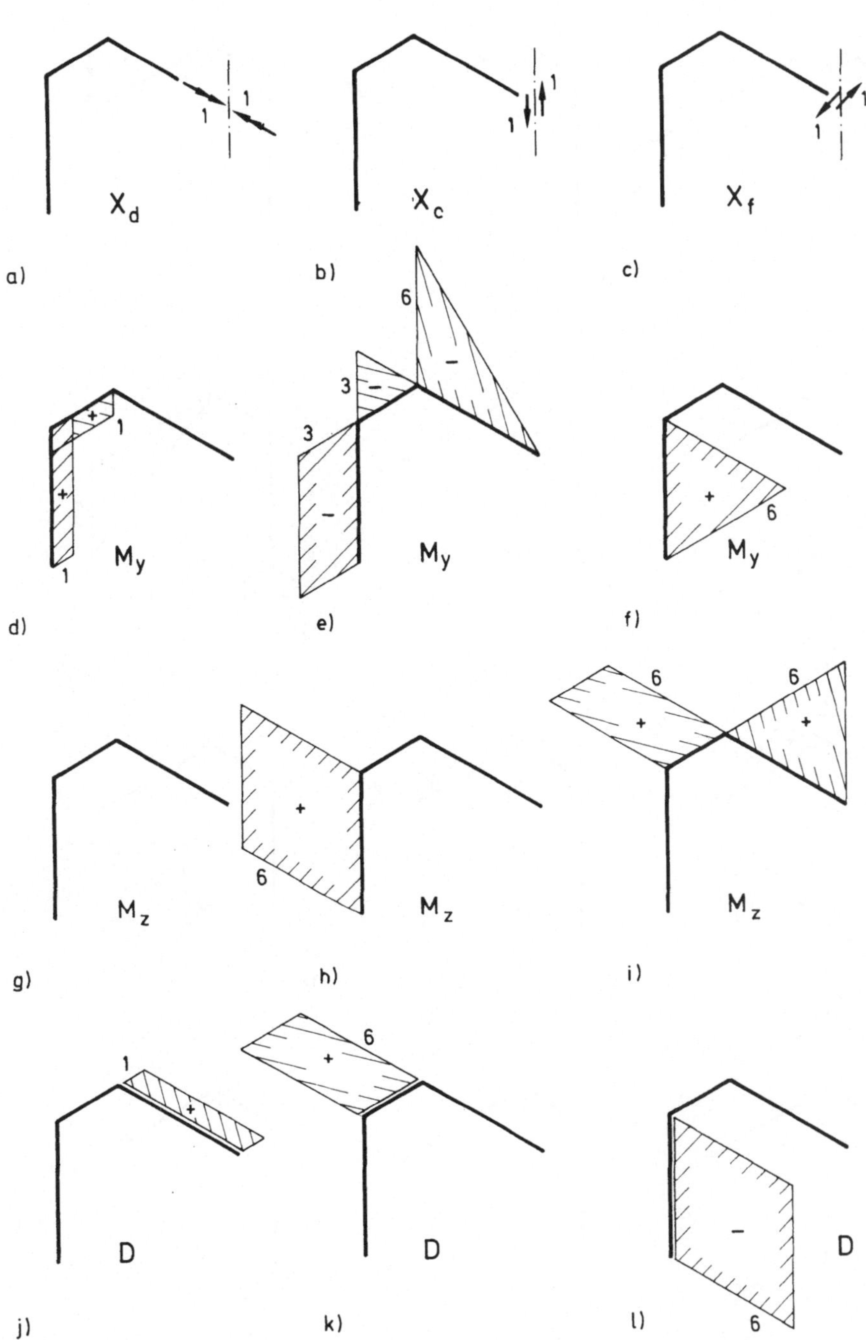

Bild 16.3 a—l. Schnittgrößen der antisymmetrischen Eigenspannungszustände

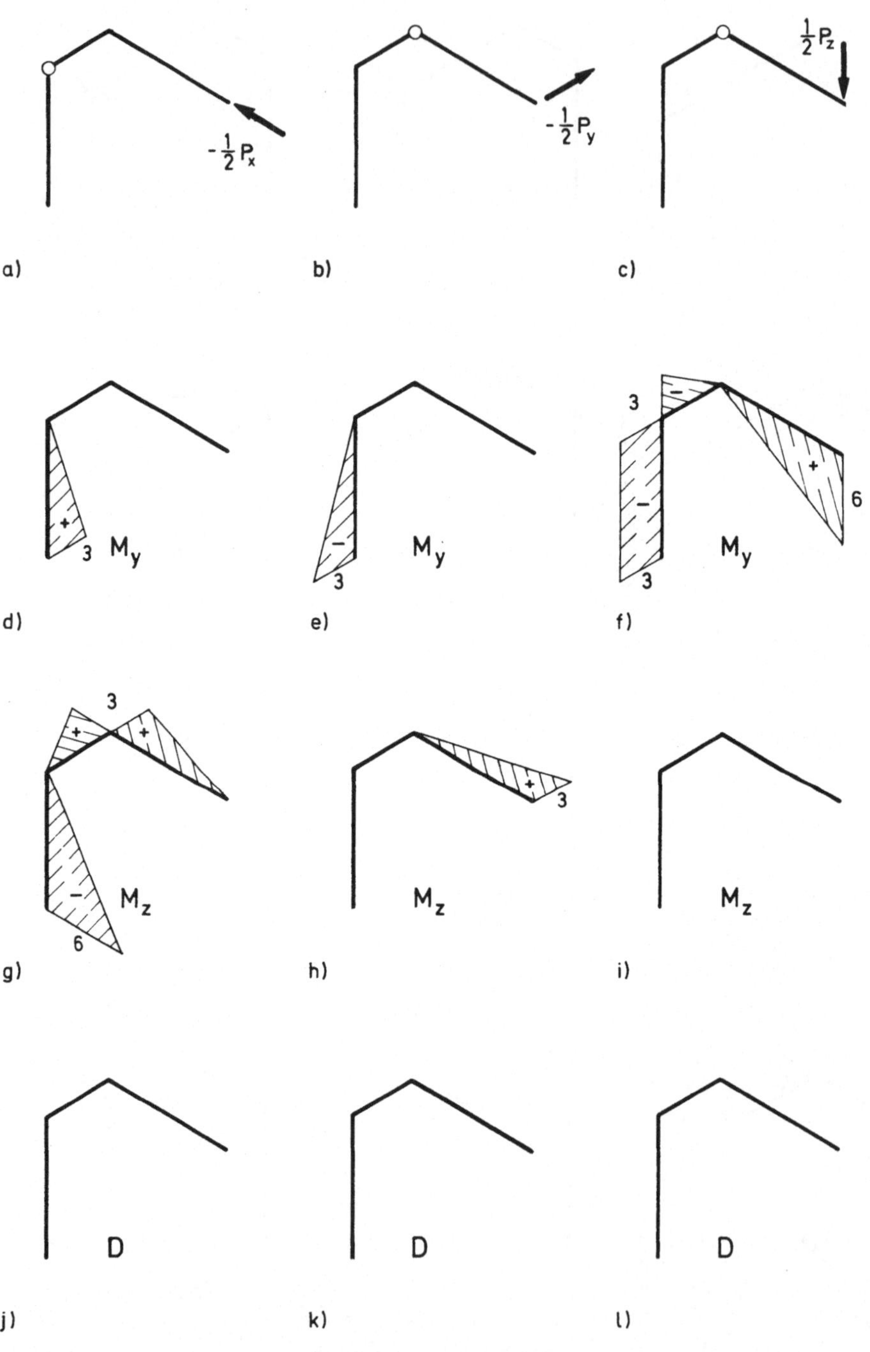

Biegemomente in kNm

Bild 16.4a–l. Lastspannungszustände

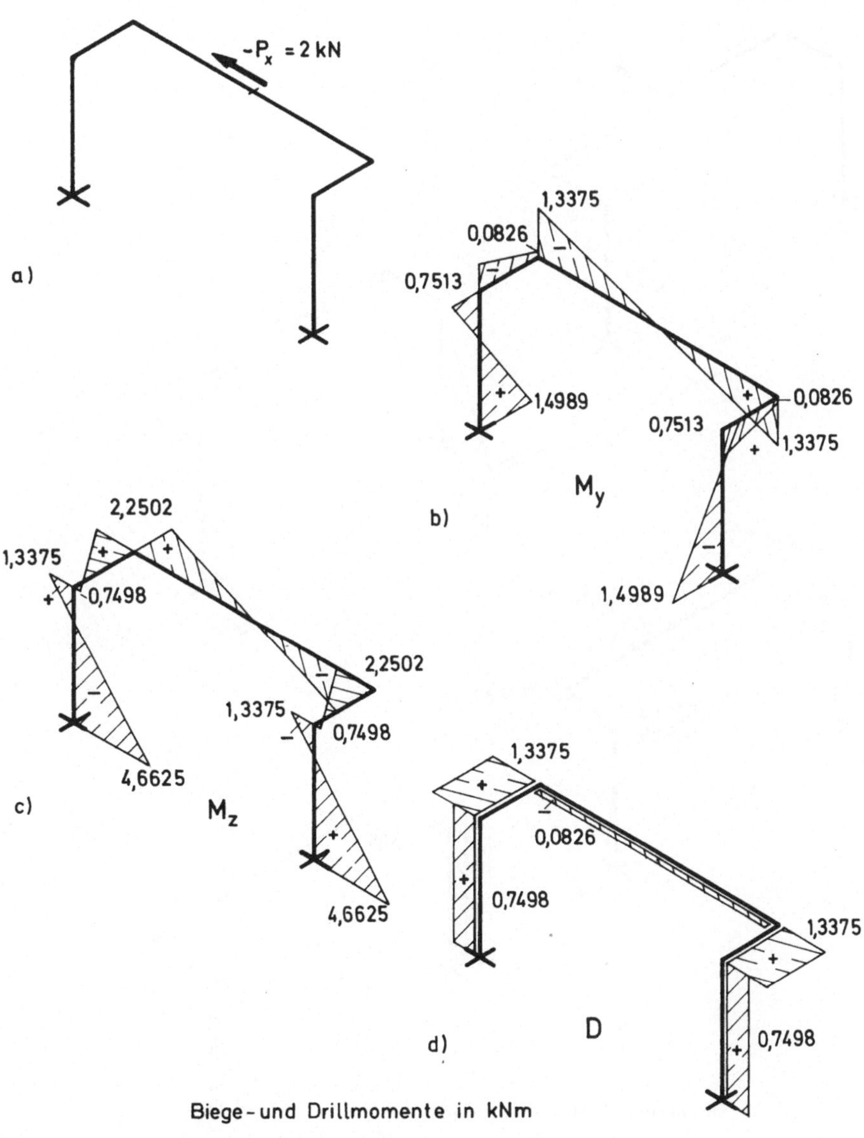

Bild 16.5a−d. Zustandslinien; Lastfall − $P_x = 2$ kN

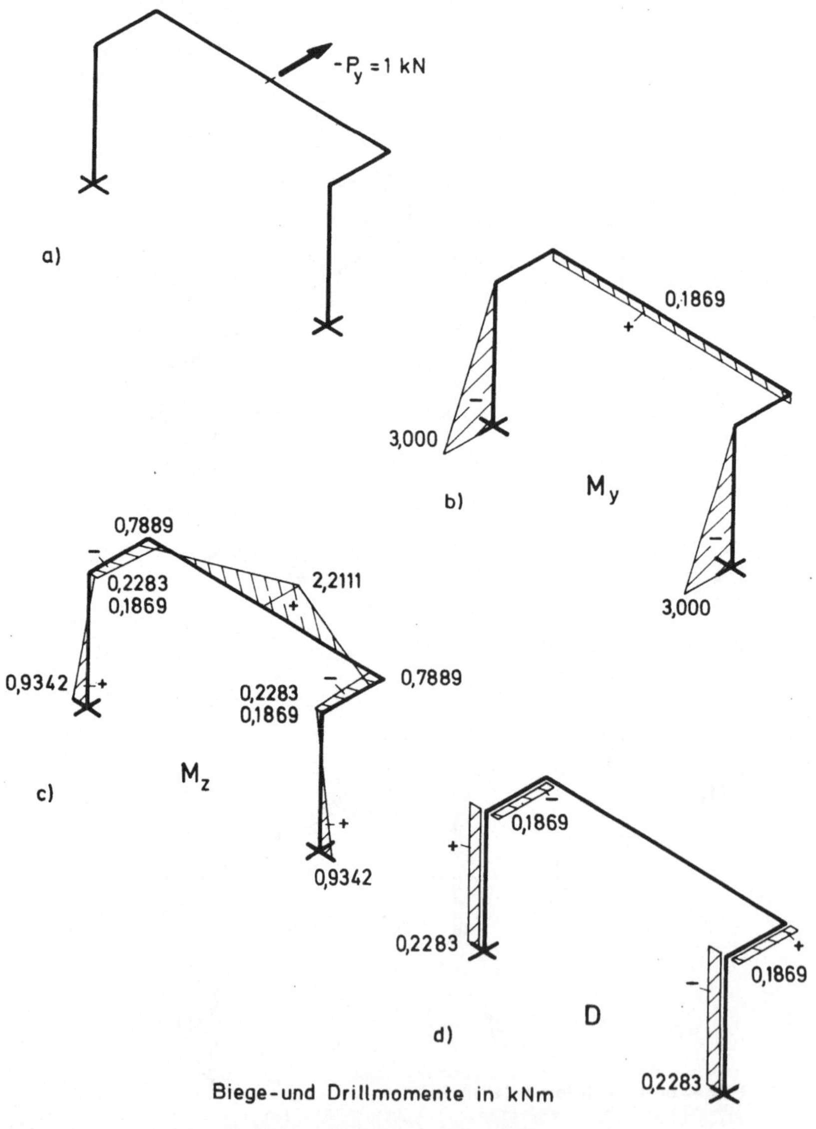

Bild 16.6a−d. Zustandslinien; Lastfall − $P_y = 1$ kN

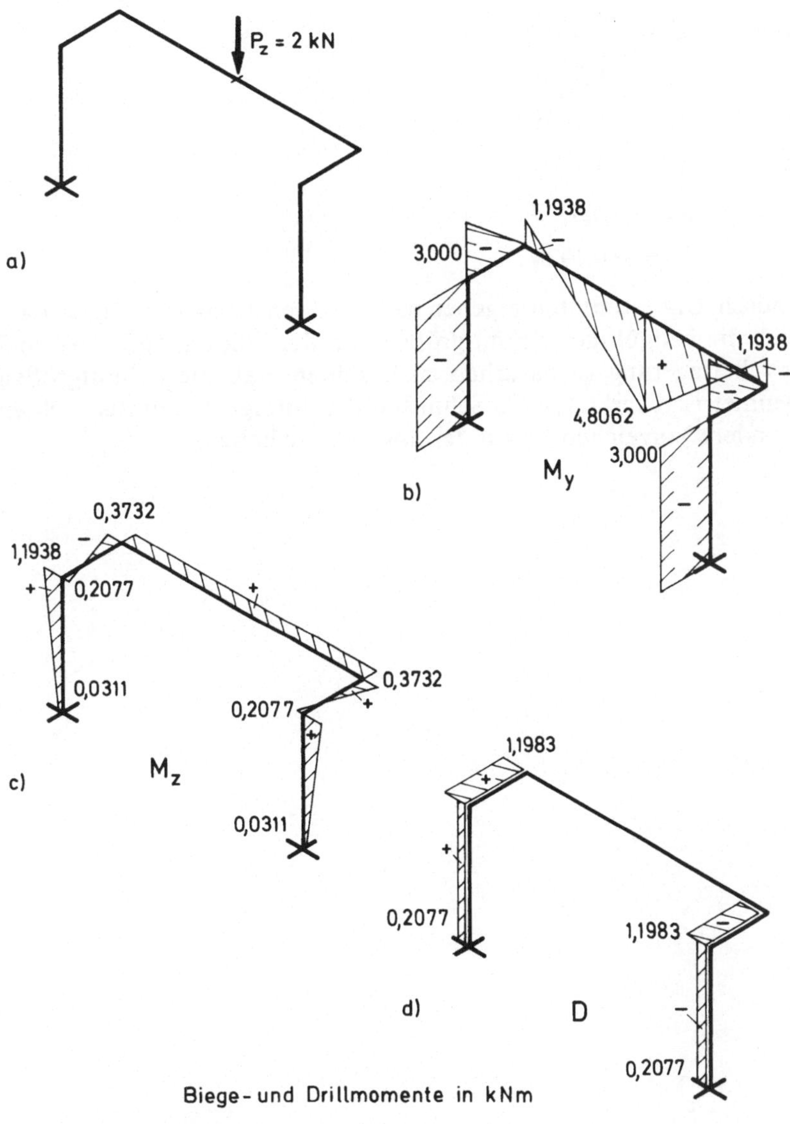

Biege- und Drillmomente in kNm

Bild 16.7a—d. Zustandslinien; Lastfall $P_z = 2$ kN

für $P_z = 2\,\mathrm{kN}$

$$\delta_{\mathrm{L,sym}} = \begin{bmatrix} 18 \\ 0 \\ 0 \end{bmatrix}.$$

Mit diesen Lastgliedern liefert die Gleichungsauflösung folgende Werte für die statisch Unbestimmten

für $P_x = -1\,\mathrm{kN}$ $\qquad X_d = -\,0{,}0826\,,$

$\qquad\qquad\qquad\qquad\quad X_e = 0{,}2229\,,$

$\qquad\qquad\qquad\qquad\quad X_f = -\,0{,}1250\,;$

für $P_y = -1\,\mathrm{kN}$ $\qquad X_a = 0{,}1869\,,$

$\qquad\qquad\qquad\qquad\quad X_b = -\,0{,}7889\,,$

$\qquad\qquad\qquad\qquad\quad X_c = 0{,}1869\,;$

für $P_z = 2\,\mathrm{kN}$ $\qquad X_a = -\,1{,}1938\,,$

$\qquad\qquad\qquad\qquad\quad X_b = 0{,}3737\,,$

$\qquad\qquad\qquad\qquad\quad X_c = -\,0{,}1938\,.$

Mit den statisch Unbestimmten ergeben sich aus den Last- und Eigenspannungszuständen die endgültigen Schnittgrößen von den Bildern 16.5, 16.6 und 16.7. Bei der Überlagerung ist natürlich zu beachten, daß die Schnittgrößen für die antisymmetrisch verlaufenden Schnittgrößen infolge P_x auf der rechten Rahmenseite andere Vorzeichen als auf der linken Seite haben.

17 Kraftgrößen- und Drehwinkelverfahren

17.1 Grundgedanken der Rechnung

Im folgenden wird ein erstes Beispiel für die Anwendung des Drehwinkelverfahrens gezeigt, aber auch das Kraftgrößenverfahren benutzt. Nach Bild 17.1a wird ein Vierendeelträger[1] mit konstanter Belastung betrachtet. Das Tragwerk ist 12fach statisch und, wenn die Normalkraftverformung vernachlässigt wird, 11fach geometrisch unbestimmt. Für eine Handrechnung bedeutet dies – gleichgültig ob man mit Kraftgrößen oder Drehwinkeln rechnet – einen großen Rechenaufwand. Dieser kann jedoch bei Beachtung von Symmetrieeigenschaften erheblich reduziert werden.

Ohne Belastung und ohne Lagerreaktionen hat die Struktur des Vierendeelträgers eine doppelte Symmetrie zu der vertikalen Achse I–I und der horizontalen Achse II–II. Diese Symmetrien lassen sich erst ausnutzen, wenn die äußeren Kräfte passend gewählt werden. Hierzu wird nach dem Verfahren der Belastungsumordnung die zunächst nur am Obergurt angreifende Belastung q mit Bezug auf die Achse II–II in einen antisymmetrischen und einen symmetrischen Anteil von der Größe $q/2$ aufgeteilt (Bild 17.1b,c). Es entstehen dann Spannungs- und Verformungszustände, die ebenfalls antisymmetrisch bzw. symmetrisch sind. Danach können zwei Teilsysteme A und B gebildet werden (Bild 17.1b,c), die nur aus den Stäben 1–2, 2–3, 1–4 und 2–5 bestehen und die den Symmetriebedingungen entsprechende Lager besitzen. Das Teilsystem A ist antisymmetrisch mit zwei statisch unbestimmten und vier geometrisch unbestimmten Größen. Das Teilsystem B ist symmetrisch mit zwei unbekannten Knotendrehwinkeln und vier statisch unbestimmten Größen. Zweckmäßig wird also Teilsystem A nach dem Kraftgrößenverfahren, B nach dem Drehwinkelverfahren berechnet.

17.2 Statisch unbestimmte Rechnung von Teilsystem A

In Bild 17.2a ist das Hauptsystem für die Berechnung von Teilsystem A angegeben. Bild 17.2b zeigt die Biegemomente des Lastspannungszustandes und die Bilder 17.2c,d die Biegemomente der Eigenspannungszustände.

Für die EI_c-fachen δ-Werte bekommt man

$$EI_c\,\delta_{aa} = \frac{1}{3}\cdot 1\cdot 1\cdot 2\cdot 3 + 1\cdot 1\cdot 12\cdot 1 = 14\ \text{kN}\,\text{m}^2\,,$$

$$EI_c\,\delta_{bb} = \frac{1}{3}\cdot 1\cdot 1\cdot 2\cdot 3 + 1\cdot 1\cdot 1\cdot 6\cdot 1 = 8\ \text{kN}\,\text{m}^2\,,$$

$$EI_c\,\delta_{ab} = 1\cdot 1\cdot 1\cdot 6\cdot 1 = 6\ \text{kN}\,\text{m}^2\,.$$

---

1 A. Vierendeel (1852 – 1940), Belgien

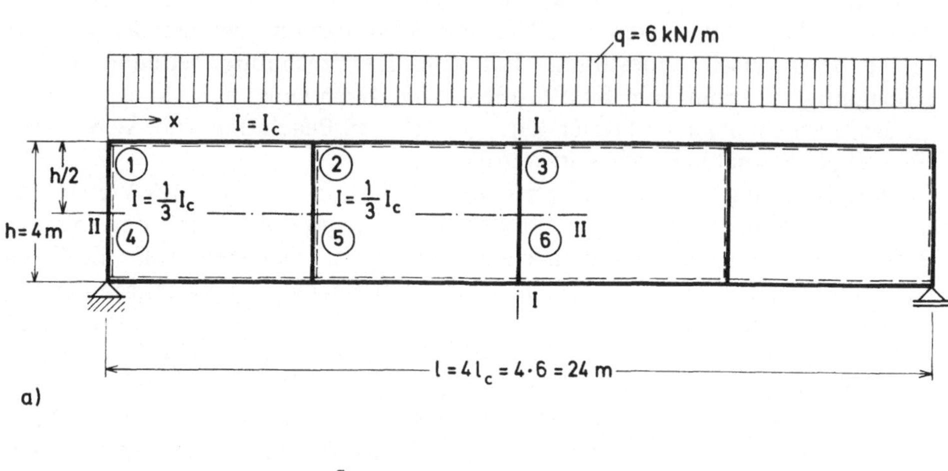

a)

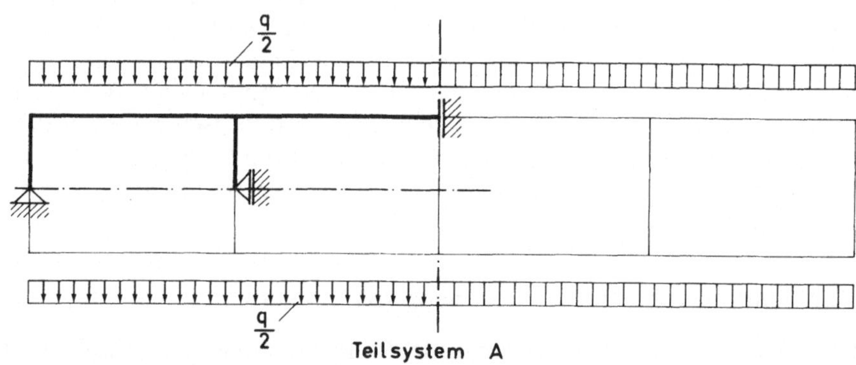

b)

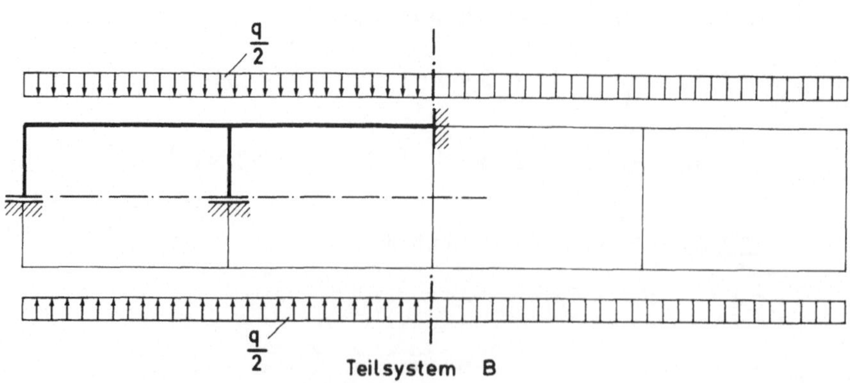

c)

Bild 17.1 a–c. Vierendeelträger und Teilsysteme

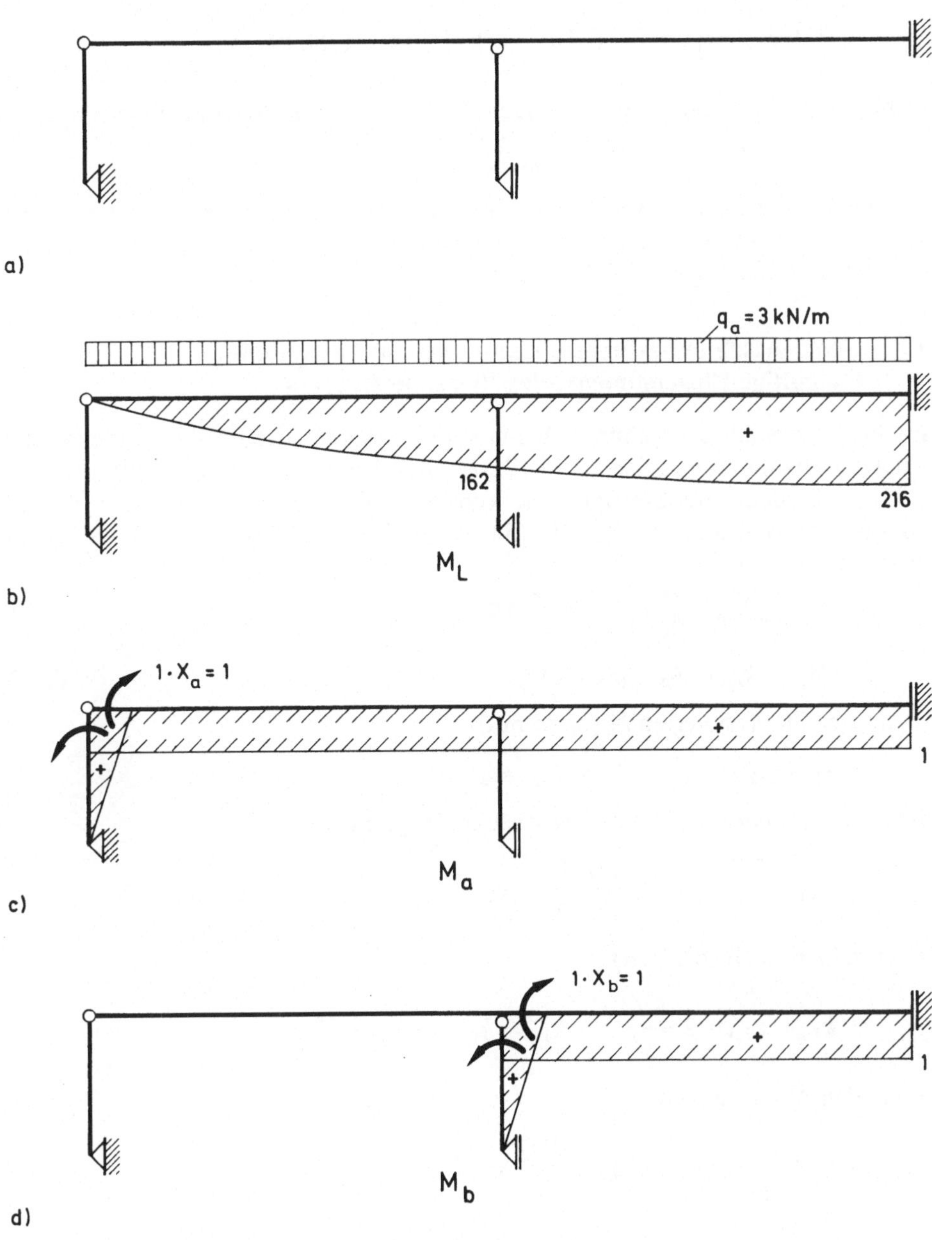

Bild 17.2a−d. Hauptsystem, Last- und Eigenspannungszustände für Teilsystem A

Bei der Ermittlung von $\delta_{a,L}$ und $\delta_{b,L}$ ist in diesem Falle die direkte Auswertung des Integrals $\int M\bar{M}\,\mathrm{d}x$ einfacher als die Anwendung der Überlagerungstabellen:

$$E I_c\,\delta_{a,L} = \int_0^{12} 1\cdot\frac{3}{2}\cdot(24\,x - x^2)\cdot 1\cdot\mathrm{d}x = 1728\ \mathrm{kN\,m^2}\,,$$

$$E I_c\,\delta_{b,L} = \int_6^{12} 1\cdot\frac{3}{2}\cdot(24\,x - x^2)\cdot 1\cdot\mathrm{d}x = 1188\ \mathrm{kN\,m^2}\,.$$

Für die Unbekannten erhält man nach Auflösung der Elastizitätsgleichungen

$$X_a = -88{,}11\,,\qquad X_b = -82{,}42\,.$$

.Mit Benutzung dieser Unbekannten ergeben sich die Biegemomente für Teilsystem A. Sie sind in Bild 17.4a zusammen mit den entsprechenden Ergänzungen für das Gesamtsystem aufgetragen.

17.3 Geometrisch unbestimmte Rechnung von Teilsystem B. Endgültige Biegemomente des Vierendeelträgers

Im Belastungsfall B ergeben sich am Gesamtsystem die beiden unbekannten Knotendrehwinkel φ_1 und φ_2 (Bild 17.3a); Stabdrehwinkel treten nicht auf.

Da außerdem die Steifigkeiten konstant sind (Bild 17.2a), gelten nach „Statik der Stabtragwerke" Gl. (54.15) und Gl. (54.14) für die Stabendmomente:

$$\varphi_n\,2\sum_{(i)} k_{n,i} + \sum_{(i)} k_{n,i}\,\varphi_i + \sum_{(i)} M^L_{n,i} = 0\,,\tag{17.1}$$

$$M_{n,i} = k_{n,i}\,(2\,\varphi_n + \varphi_i) + M^L_{n,i}\,.\tag{17.2}$$

Aus den Stabfestwerten $k_{n,i}$ wird mit

$$I_{1,2} = I_{2,3} = I_c\,,\qquad l_{1,2} = l_{2,3} = l_c$$

die für die numerische Rechnung zweckmäßige Form

$$k_{n,i} = \frac{2\,E\,I_{n,i}}{l_{n,i}} = 2\,\frac{E\,I_c}{l_c}\,\frac{I_{n,i}}{I_c}\,\frac{l_c}{l_{n,i}}\,.$$

Im einzelnen ist (Bild 17.1a)

$$k_{1,2} = k_{2,3} = 2\,\frac{E\,I_c}{l_c}\,,\qquad k_{1,4} = k_{2,5} = \frac{1}{2}\,2\,\frac{E\,I_c}{l_c}\,.\tag{17.3a,b}$$

Mit den Abkürzungen

$$\varphi_1\,2\,\frac{E\,I_c}{l_c} = \varphi_1^*\,,\qquad \varphi_2\,2\,\frac{E\,I_c}{l_c} = \varphi_2^*\,,$$

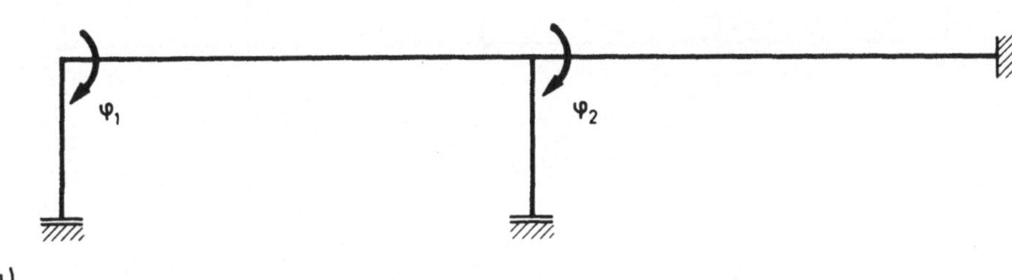

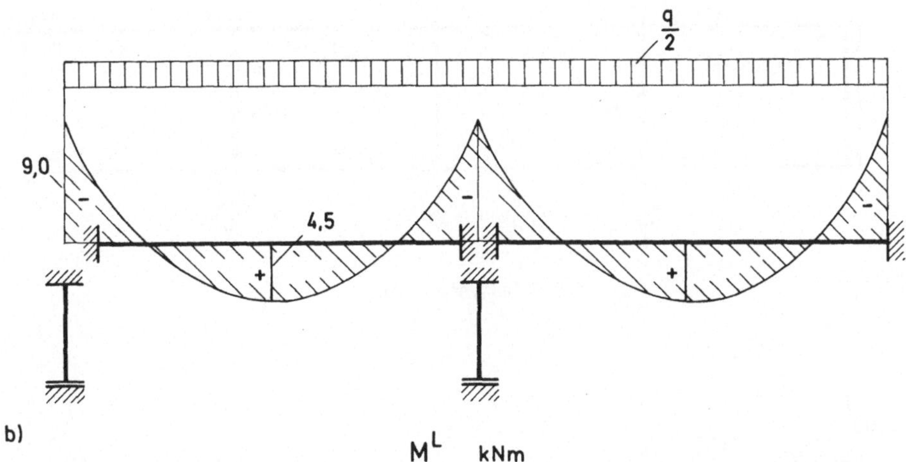

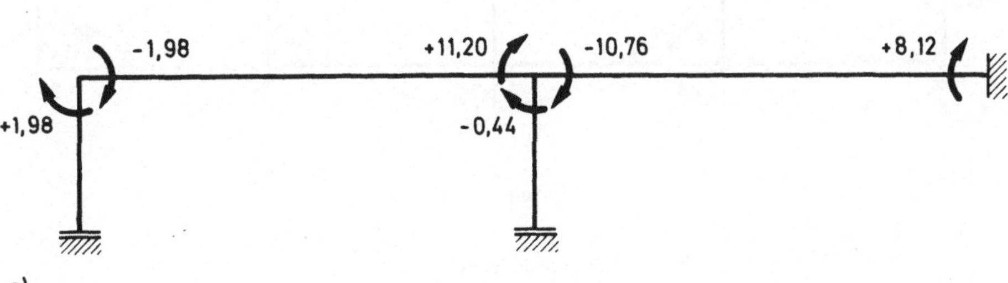

Bild 17.3a−c. Zur Berechnung von Teilsystem B

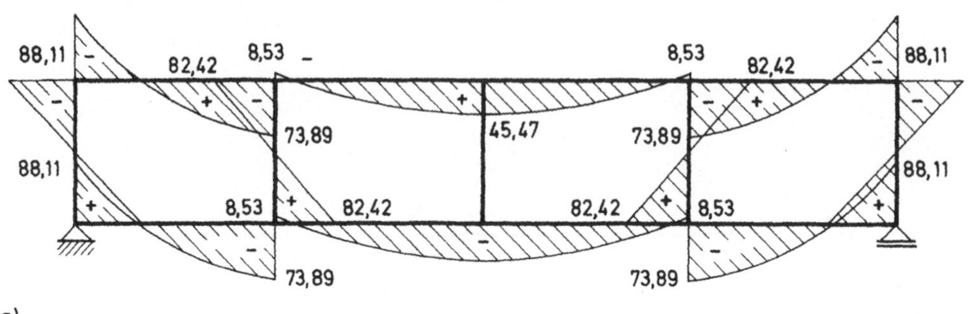

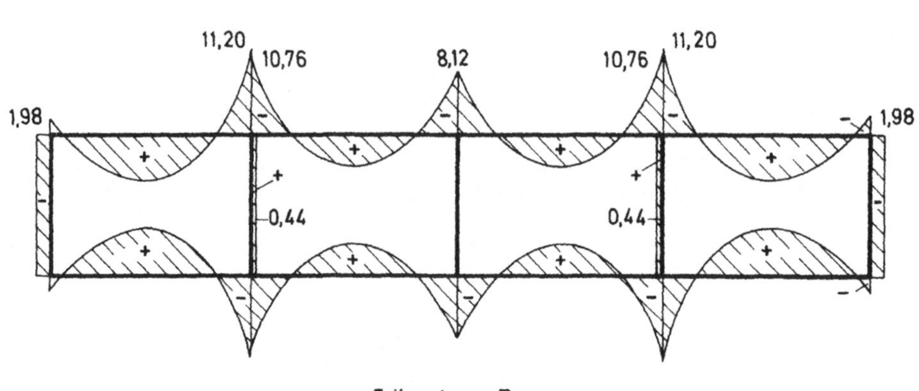

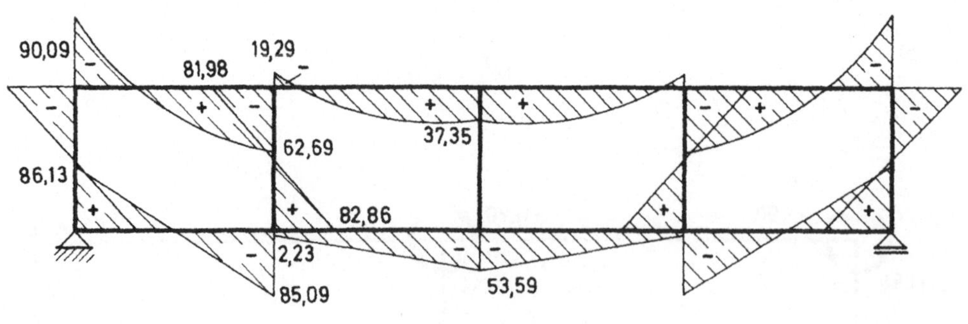

Biegemomente in kNm

Bild 17.4a–c. Biegemomente nach Teilsystem A und B. Endgültige Biegemomente des Vierendeelträgers

den Stabendmomenten des geometrisch bestimmten Hauptsystems (Bild 17.3 b)

$$M_{1,4}^{L} = 0\,, \qquad M_{1,2}^{L} = -\frac{1}{12}\frac{q}{2}\,l_{1,2}^{2}\,, \qquad M_{2,1}^{L} = \frac{1}{12}\frac{q}{2}\,l_{1,2}^{2}\,,$$

$$M_{2,3}^{L} = -\frac{1}{12}\frac{q}{2}\,l_{2,3}^{2}\,, \qquad M_{2,5}^{L} = 0\,, \qquad M_{3,2}^{L} = \frac{1}{12}\frac{q}{2}\,l_{2,3}^{2}$$

(17.4 a, b)

und

$$\frac{1}{12}\frac{q}{2}\,l_{c}^{2} = \frac{1}{12}\cdot 3 \cdot 36 = 9\ \text{kN m}$$

ergeben sich die beiden Knotengleichungen für die Knoten 1 und 2 nach Gl. (1) in Matrizenschreibweise

$$\begin{bmatrix} \frac{5}{2} & 1 \\ 1 & \frac{9}{2} \end{bmatrix} \begin{bmatrix} \varphi_1^* \\ \varphi_2^* \end{bmatrix} + \begin{bmatrix} -9 \\ 0 \end{bmatrix} = \mathbf{0}\,.$$

Nach Auflösung des Gleichungssystems erhält man

$$\varphi_1^* = 3{,}951\,, \qquad \varphi_2^* = -0{,}878\ \text{kN m}\,.$$

Die Stabendmomente werden dann nach den Gl. (2), (3) und (4)

$$M_{1,2} = 2\,\varphi_1^* + \varphi_2^* - 9 = 2\cdot 3{,}951 - 0{,}878 - 9 = -1{,}98\ \text{kN m}\,,$$

$$M_{2,1} = 2\,\varphi_2^* + \varphi_1^* + 9 = -2\cdot 0{,}878 + 3{,}951 + 9 = 11{,}20\ \text{kN m}\,,$$

$$M_{2,3} = 2\,\varphi_2^* - 9 = -2\cdot 0{,}878 - 9 = -10{,}76\ \text{kN m}\,,$$

$$M_{3,2} = \varphi_2^* + 9 = -0{,}878 + 9 = 8{,}12\ \text{kN m}\,,$$

$$M_{1,4} = \tfrac{1}{2}\,\varphi_1^* = \tfrac{1}{2}\cdot 3{,}951 = 1{,}98\ \text{kN m}\,,$$

$$M_{2,5} = \tfrac{1}{2}\,\varphi_2^* = -\tfrac{1}{2}\cdot 0{,}878 = -0{,}44\ \text{kN m}\,.$$

Diese Stabendmomente sind in Bild 17.3 c angegeben.

Die endgültigen Biegemomente des Vierendeelträgers gehen aus Bild 17.4 c nach Überlagerung der Biegemomente von Teilsystem A und B hervor.

Teil III Nichtlineare Statik

18 Balken mit überkragendem Ende

Als erstes, sehr einfaches Beispiel der nichtlinearen Statik sei das Stabilitätsproblem eines Balkens auf zwei Stützen mit überkragendem Ende nach Bild 18.1a betrachtet. Die Untersuchung sei nur im elastischen Bereich durchgeführt.

Es ist zweckmäßig, das Gesamtsystem in zwei Abschnitte mit den Längen l_1 und l_2 zu zerlegen und die Größen der verschiedenen Abschnitte durch die Indizes 1 und 2 zu unterscheiden. Die in Richtung der Stabachse weisende Koordinate x_1 laufe im Abschnitt 1 von links nach rechts, x_2 in Abschnitt 2 von rechts nach links. Für die Biegemomente in Abschnitt 1 gilt mit den Bezeichnungen nach Bild 18.1b

$$M_1 = A\,x_1 + P\,w_1 = -\,E I\,w_1'' \,,$$

$$w_1'' + \frac{P}{E I}\,w_1 + \frac{A}{E I}\,x_1 = 0 \,. \tag{18.1}$$

Mit der Abkürzung

$$k = \sqrt{\frac{P}{E I}}$$

folgt aus Gl. (1)

$$w_1'' + k^2\,w_1 + \frac{A}{E I}\,x_1 = 0 \,.$$

Die allgemeine Lösung dieser mathematisch linearen inhomogenen Differentialgleichung ist mit den Konstanten C_1 und C_2

$$w_1 = C_1 \sin k\,x_1 + C_2 \cos k\,x_1 - \frac{A}{E I\,k^2}\,x_1 \,. \tag{18.2}$$

Aus den Randbedingungen, daß die Durchbiegung w_1 bei $x_1 = 0$ und $x_1 = l_1$ verschwinden muß, folgt erstens $C_2 = 0$ und zweitens

$$0 = C_1 \sin k\,l_1 - \frac{A}{E I\,k^2}\,l_1 \,, \qquad \frac{A}{E I\,k^2} = C_1 \frac{\sin k\,l_1}{l_1} \,.$$

Hiermit wird aus Gl. (2):

$$w_1 = C_1 \left(\sin k\,x_1 - \sin k\,l_1 \,\frac{x_1}{l_1} \right) . \tag{18.3a}$$

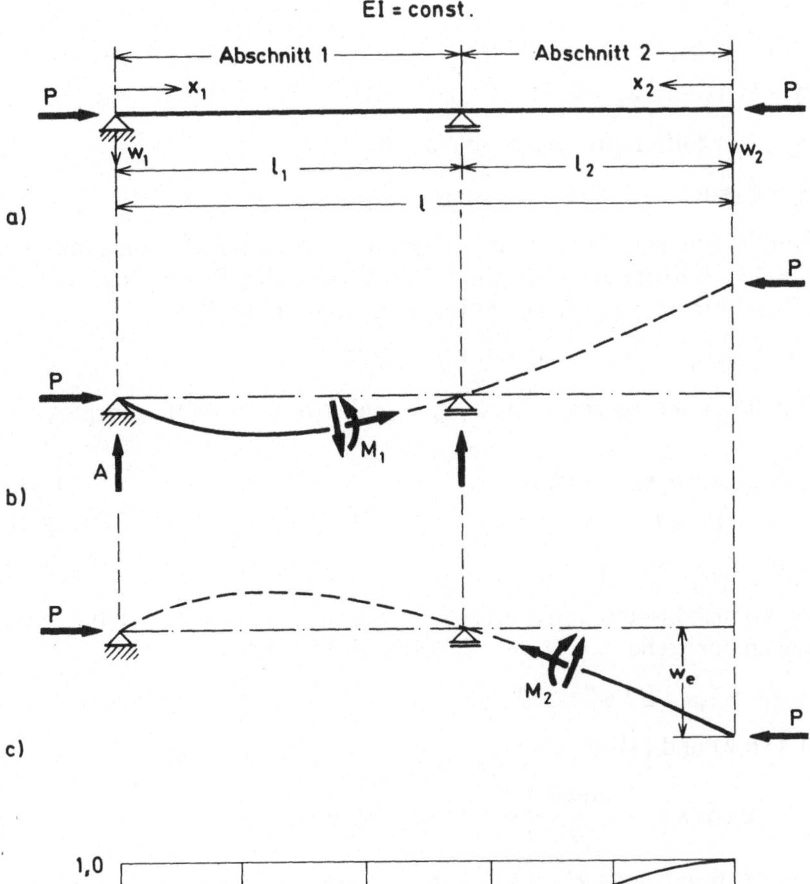

Bild 18.1 a–d. Knicken eines Balkens mit überkragendem Ende

Für die erste und zweite Ableitung von w_1 ergibt sich

$$w_1' = C_1 \left(k \cos k\, x_1 - \frac{\sin k\, l_1}{l_1} \right) , \tag{18.3 b}$$

$$w_1'' = - C_1\, k^2 \sin k\, x_1 . \tag{18.3 c}$$

Das Biegemoment des Abschnitts 2 ergibt sich nach Bild 18.1 c. Der Träger ist jetzt so gezeichnet, daß sich im betrachteten Abschnitt 2 positive Durchbiegungen w_2 ergeben. Die Durchbiegung am freien Ende bei $x_2 = 0$ sei w_e. Dann wird entsprechend Abschnitt 1

$$M_2 = - P\, (w_e - w_2) = - E\, I\, w_2'' ,$$

$$w_2'' + k^2\, w_2 - k^2\, w_e = 0 .$$

Die Lösung dieser Differentialgleichung lautet:

$$w_2 = C_3 \sin k\, x_2 + C_4 \cos k\, x_2 + w_e .$$

Aus der Randbedingung, daß im Angriffspunkt der Last P das Biegemoment $M_2 = - E\, I\, w_2''$ verschwinden muß, folgt $C_4 = 0$. Aus der Bedingung, daß bei $x_2 = l_2$ die Durchbiegung w_2 verschwinden muß, folgt schließlich

$$0 = C_3 \sin k\, l_2 + w_e , \qquad w_e = - C_3 \sin k\, l_2 .$$

Für die Durchbiegung w_2 sowie ihre erste und zweite Ableitung ergibt sich dann

$$w_2 = C_3 \, (\sin k\, x_2 - \sin k\, l_2) , \tag{18.4 a}$$

$$w_2' = C_3\, k \cos k\, x_2 , \tag{18.4 b}$$

$$w_2'' = - C_3\, k^2 \sin k\, x_2 . \tag{18.4 c}$$

Die Integrationskonstanten C_1 und C_3 ergeben sich aus den Übergangsbedingungen an der Stelle $x_1 = l_1$, $x_2 = l_2$. Es muß dort sein

$$w_1' = - w_2' , \qquad E\, I\, w_1'' = E\, I\, w_2'' .$$

Mit den Gl. (3 b,c) und (4 b,c) folgt

$$C_1 \left(k \cos k\, l_1 - \frac{\sin k\, l_1}{l_1} \right) + C_3\, k \cos k\, l_2 = 0 ,$$

$$- C_1\, k^2 \sin k\, l_1 + C_3\, k^2 \sin k\, l_2 = 0 .$$

Die Koeffizientendeterminante dieser beiden homogenen Gleichungen ist die Knickdeterminante. Nach Entwicklung ergibt sich:

$$k\, l_1\, (\sin k\, l_1 \cos k\, l_2 + \cos k\, l_1 \sin k\, l_2) - \sin k\, l_1 \sin k\, l_2 = 0 . \tag{18.5}$$

Gleichung (5) kann noch durch $\sin k\, l_1 \sin k\, l_2$ dividiert werden, wenn dieser Ausdruck nicht Null wird. Man erhält dann:

$$k\, l_1 \left(\frac{1}{\tan k\, l_1} + \frac{1}{\tan k\, l_2} \right) - 1 = 0 . \tag{18.6}$$

Beschränkt man sich auf den niedrigsten Eigenwert $P = P_k$ und führt noch $l = l_1 + l_2$ ein, so kann P_k in der Form

$$P_k = \varphi \, \frac{\pi^2 \, E \, I}{l^2}$$

geschrieben werden, wobei φ eine nur von l_1/l abhängende Funktion ist. Sie ist in Bild 18.1 d dargestellt[1]. Man überzeugt sich leicht, daß φ den angegebenen Grenzwerten $\varphi = 1/4$ bei $l_1/l = 0$ und $\varphi = 1,0$ bei $l_1/l = 1$ genügen muß.

---

1 Pflüger, A.: Stabilitätsprobleme der Elastostatik, 3. Aufl., Berlin, Heidelberg, New York: Springer 1975, S. 364

19 Balken mit zwei Einzellasten

Als nächstes sei nach Bild 19.1a ein Balken auf zwei Stützen mit konstantem Querschnitt betrachtet, der zwei symmetrisch angeordnete Einzellasten trägt und zusätzlich durch eine Längskraft beansprucht wird. Dieses System kann als Prinzipskizze einer „Umlauf-Biegemaschine" aufgefaßt werden. Mit ihr können Dauerfestigkeitsversuche durchgeführt werden, falls man als Stab ein Kreisrohr wählt, das um seine Achse gedreht wird. Der Einfluß der Längskraft muß häufig nach der Theorie zweiter Ordnung berücksichtigt werden. Diesen Einfluß soll das folgende Beispiel zahlenmäßig zeigen. Die dazu benötigten Formeln ergeben sich aus einem Rechengang, der sehr ähnlich dem des vorhergehenden Beispiels 18 ist und daher recht kurz gefaßt werden kann.

Mit der Abkürzung

$$v = \sqrt{\frac{M}{EI}}$$

folgt für die Abschnitte 1 und 2 mit den in Bild 19.1a,b angegebenen Bezeichnungen

$$M_1 = - H w_1 + P x_1 = - E I w_1'' \, ,$$

$$w_1'' - v^2 w_1 + \frac{P}{H} v^2 x_1 = 0 \, ; \tag{19.1a,b}$$

$$w_1 = C_1 \operatorname{sh} v x_1 + C_2 \operatorname{ch} v x_1 + \frac{P}{H} x_1 \, ,$$

$$w_1' = C_1 v \operatorname{ch} v x_1 + C_2 v \operatorname{sh} v x_1 + \frac{P}{H} \, ; \tag{19.2a,b}$$

$$M_2 = - H (w_2 - w_P) + M_P = - E I w_2'' \, ,$$

$$w_2'' = - v^2 w_2 + v^2 w_P + v^2 \frac{M_P}{H} = 0 \, ; \tag{19.3a,b}$$

$$w_2 = C_3 \operatorname{sh} v x_2 + C_4 \operatorname{ch} v x_2 + w_P + \frac{M_P}{H} \, ,$$

$$w_2' = C_3 v \operatorname{ch} v x_2 + C_4 v \operatorname{sh} v x_2 \, . \tag{19.4a,b}$$

Die zu erfüllenden Rand- und Übergangsbedingungen sind

$$
\begin{aligned}
&x_1 = 0: &&w_1 = 0 \, , \\
&x_1 = l_1, \ x_2 = 0: &&w_1 = w_2, \ w_1' = w_2' \, , \\
&x_2 = l_2: &&w_2' = 0 \, .
\end{aligned}
\tag{19.5a--d}
$$

Hieraus lassen sich die vier Konstanten C_1, C_2, C_3, C_4 mit Hilfe der Gl. (1) bis (4) bestimmen. Man bekommt mit der Abkürzung

$$N = \operatorname{sh} v l_1 \operatorname{sh} v l_2 + \operatorname{ch} v l_1 \operatorname{ch} v l_2 \, ,$$

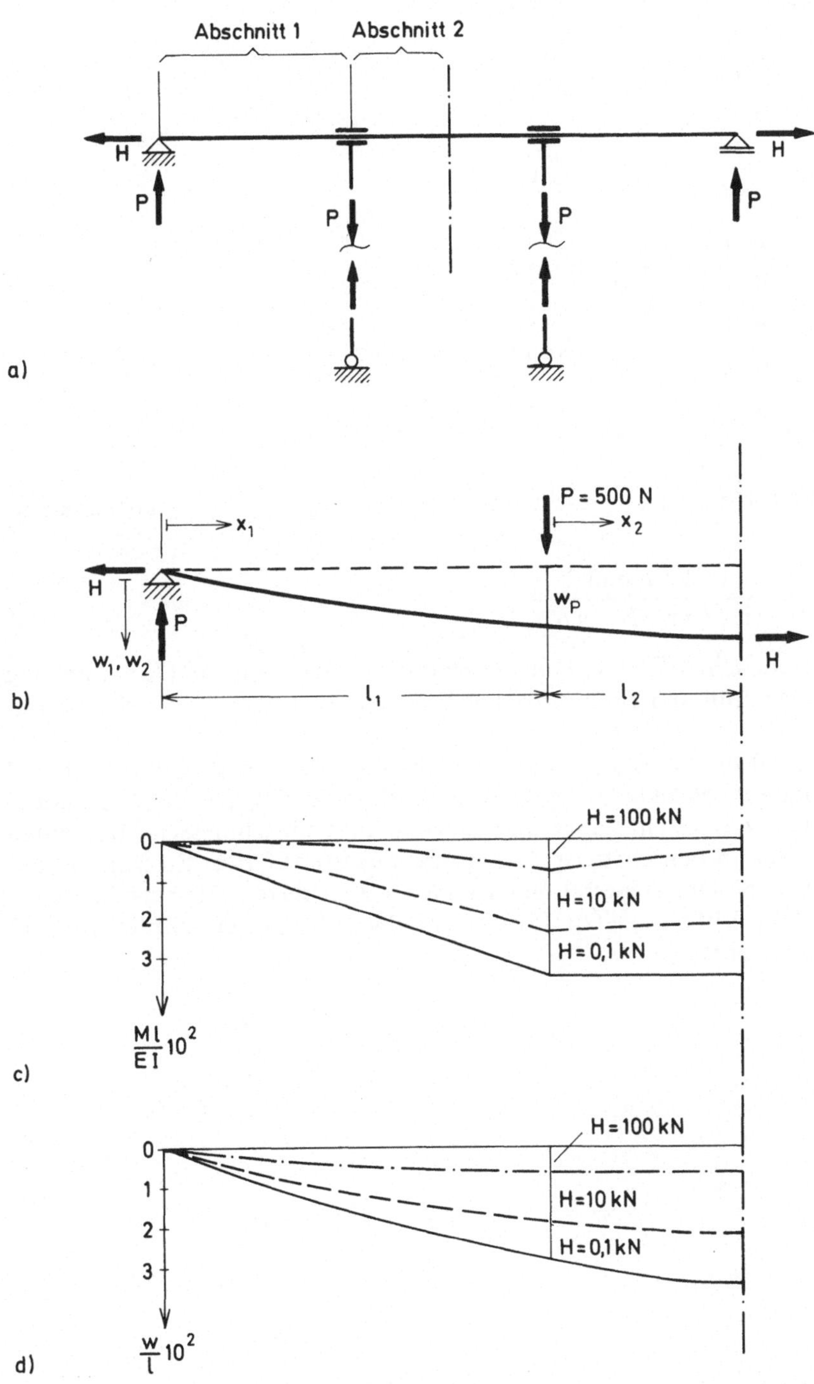

Bild 19.1 a—d. Balken mit zwei symmetrisch wirkenden Einzellasten mit Längskraftbeanspruchung

wobei die Einzelheiten der Rechnung übergangen seien,

$$w_1 = \frac{P}{H}\left(x_1 - \frac{1}{N\,v}\operatorname{ch}v\,l_2\operatorname{sh}v\,x_1\right),$$

$$w_1' = \frac{P}{H}\left(1 - \frac{1}{N}\operatorname{ch}v\,l_2\operatorname{ch}v\,x_1\right), \qquad (19.6\,\mathrm{a,b,c})$$

$$w_1'' = -\frac{P}{H}\frac{v}{N}\operatorname{ch}v\,l_2\operatorname{sh}v\,x_1 ;$$

$$w_2 = \frac{P}{H}\frac{1}{v}\left[v\,l_1 + \frac{1}{N}\operatorname{sh}v\,l_1\,(\operatorname{sh}v\,l_2\operatorname{sh}v\,x_2 - \operatorname{ch}v\,l_2\operatorname{ch}v\,x_2)\right],$$

$$w_2' = \frac{P}{H}\frac{1}{N}\operatorname{sh}v\,l_1\,(\operatorname{sh}v\,l_2\operatorname{ch}v\,x_2 - \operatorname{ch}v\,l_2\operatorname{sh}v\,x_2), \qquad (19.7\,\mathrm{a,b,c})$$

$$w_2'' = \frac{v}{N}\frac{P}{H}\operatorname{sh}v\,l_1\,(\operatorname{sh}v\,l_2\operatorname{sh}v\,x_2 - \operatorname{ch}v\,l_2\operatorname{ch}v\,x_2) .$$

Aus den Gl. (6a,c) kann leicht das Verhältnis von w_P'' zu w_P ausgerechnet werden:

$$\frac{w_\mathrm{P}''}{w_\mathrm{P}} = \frac{v^2\operatorname{sh}v\,l_1\operatorname{ch}v\,l_2}{\operatorname{sh}v\,l_1\operatorname{ch}v\,l_2 - v\,N\,l_1} .$$

Nach dieser einfachen Formel kann angegeben werden, welche Durchbiegung erzeugt werden muß, um ein bestimmtes Biegemoment $M_\mathrm{P} = -E\,I\,w_\mathrm{P}''$ zu erreichen.

Um den Einfluß von H zu zeigen, sind in Bild 19.1 c,d Biegemoment und Durchbiegung für folgendes Beispiel dargestellt. Es ist ein Kreisrohr aus hochwertigem Stahl von 5,00 m Länge und 5,00 cm Außendurchmesser. Die beiden Lasten P greifen in den Drittelspunkten des Balkens auf zwei Stützen an und sind gleich 0,5 kN. Die Biegesteifigkeit ist $E\,I = 37{,}6$ kN m². Die verschiedenen Kurven in Bild 19.1 c,d gelten für verschiedene H, dessen großer Einfluß deutlich erkennbar ist.

20 Drehwinkelverfahren und Theorie zweiter Ordnung

20.1 Vorbemerkungen

In Abschnitt 54 der „Statik der Stabtragwerke" war das Drehwinkelverfahren im linearen Bereich besprochen worden. Dabei galten für stabweise konstantes EI nach Gl. (54.14) für die Stabendmomente die Formeln

$$M_{n,i} = k_{n,i} \, (2 \, \varphi_n + \varphi_i + 3 \, \psi_{n,i}) + M_{n,i}^L$$

mit

$$k_{n,i} = 2 \, \frac{E \, I_{n,i}}{l_{n,i}}$$

und zur Berechnung der Knoten- und Stabdrehwinkel die Knotengleichungen nach Gl. (54.16)

$$\varphi_n \, 2 \sum_{(i)} k_{n,i} + \sum_{(i)} k_{n,i} \, \varphi_i + 3 \sum_{(i)} k_{n,i} \, \psi_{n,i} + \sum_{(i)} M_{n,i}^L + M_K = 0 \, .$$

Bei Systemen, bei denen die Stabdrehwinkel Null sind, genügen die Knotengleichungen; sonst müssen noch weitere Gleichgewichtsbedingungen angeschrieben werden.

Als Beispiel soll im folgenden derselbe Rechteckrahmen behandelt werden, der in „Statik der Stabtragwerke" Bild 54.8 a, b nach der Theorie erster Ordnung berechnet wurde; er ist in Bild 20.1 a noch einmal dargestellt. Die Rechnung wird jetzt nicht unwesentlich schwieriger, so daß die meisten Formeln erneut abgeleitet werden müssen. Dabei sollen die Besonderheiten des behandelten Beispiels sofort berücksichtigt und nicht etwa die Rechnung möglichst allgemein durchgeführt werden[1].

Die Antisymmetriebedingung $\varphi_3 = \varphi_2$, die in der Theorie erster Ordnung richtig ist, kann hier nicht verwendet werden. Der linke Stiel erhält nämlich Zugkräfte, der rechte aber Druckkräfte. Der Einfluß von Zug- und Druckkräften auf das Gleichgewicht am verformten System ist jedoch unterschiedlich. Andererseits gilt wie in der Theorie erster Ordnung $\psi_{1,2} = \psi_{3,4} = \psi$.

20.2 Gleichgewichtsbedingungen. Neue Schnittgrößen

Das Momentengleichgewicht an den Knoten 2 und 3 ergibt

$$\sum M \, (\text{Kn. 2}) = M_{2,1} + M_{2,3} = 0$$

und

$$\sum M \, (\text{Kn. 3}) = M_{3,2} + M_{3,4} = 0 \, .$$

(20.1 a, b)

Diese Gleichungen unterscheiden sich nicht von denen der Theorie erster Ordnung.

---

1 Eine ausführliche Darstellung mit einer Erweiterung auf die Fließgelenktheorie zweiter Ordnung findet sich bei H. Rubin, Bauingenieur 55 (1980) 81—92

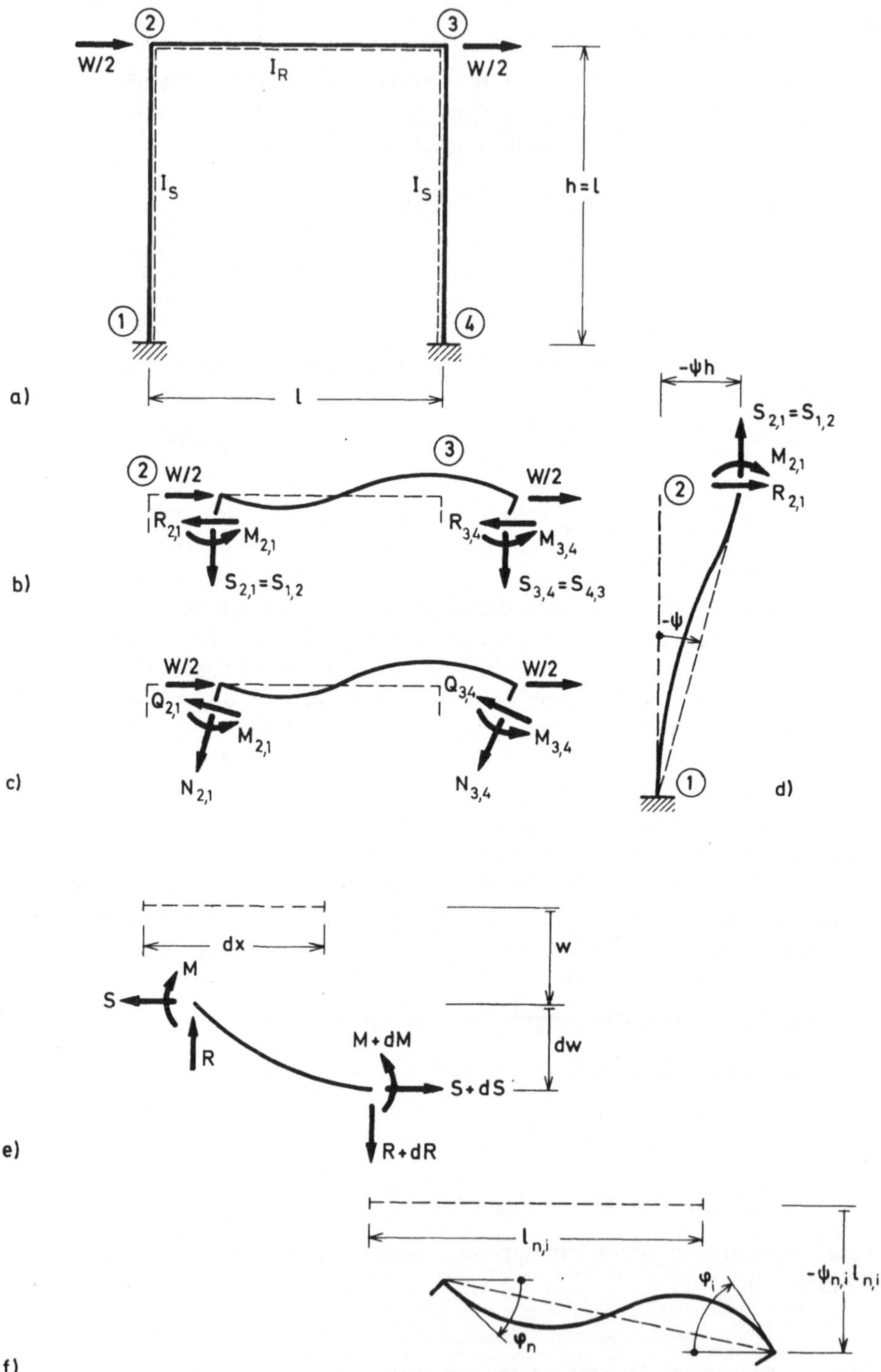

Bild 20.1a–f. Systemskizze, neue Schnittgrößen, Gleichgewichtsbedingungen

Eine weitere Gleichung wird aus dem Kräftegleichgewicht $\sum H = 0$ am herausgeschnittenen Riegel gewonnen. In Bild 20.1b ist dabei eine neue Schnittgrößendefinition dargestellt. Die Schnittkräfte $S_{2,1}$ und $R_{2,1}$ zeigen in Richtung der *un*verformten Stabachse bzw. senkrecht dazu. Ein Vergleich mit der in Bild 20.1c angegebenen üblichen Definition in Längskräften und Querkräften macht sofort klar, daß in diesem Fall die Definition nach Bild 20.1b wesentlich einfacher ist.

Man erhält

$$R_{2,1} + R_{3,4} = W. \tag{20.2}$$

Die Kräfte $R_{2,1}$ und $R_{3,4}$ werden durch die Stabendmomente ersetzt. Dazu wird das Momentengleichgewicht an den beiden Stielen angeschrieben. Für den Stiel 1,2 ergibt sich (Bild 20.1d)

$$R_{2,1} = -\frac{M_{1,2} + M_{2,1}}{h} - S_{1,2}\,\psi \tag{20.3a}$$

und für den Stiel 3,4

$$R_{3,4} = -\frac{M_{3,4} + M_{4,3}}{h} - S_{3,4}\,\psi. \tag{20.3b}$$

Aus Gl. (2) wird dann

$$M_{1,2} + M_{2,1} + M_{3,4} + M_{4,3} - (S_{1,2} + S_{3,4})\,h\,\psi = -\,W\,l. \tag{20.4}$$

In den Gl. (1a,b) und (4) müssen die Stabendmomente noch durch die Drehwinkel ersetzt werden. Der Zusammenhang zwischen beiden soll aus der homogenen Differentialgleichung hergeleitet werden.

Bei der Ableitung der Differentialgleichung wird das Gleichgewicht am verformten Element gebildet (Bild 20.1e). Alle anderen Beziehungen der Theorie erster Ordnung bleiben unverändert, so daß im folgenden auch das Elastizitätsgesetz für das Biegemoment $M = -\,E\,I\,w''$ gilt.

20.3 Gleichungssystem für die Stab- und Knotendrehwinkel

Da der Bereich n, i hier zwischen den Knoten nicht durch äußere Lasten beansprucht wird, folgt aus dem Gleichgewicht in horizontaler Richtung am Element

$$dS = 0, \quad S = \text{const}, \quad S_{n,i} = S_{i,n}$$

und aus dem Gleichgewicht in vertikaler Richtung

$$dR = 0, \quad R = \text{const}, \quad R_{n,i} = R_{i,n}.$$

Das Momentengleichgewicht am Element liefert

$$M' - R_{n,i} + S_{n,i}\,w' = 0.$$

Zur Elimination der Schnittkraft $R_{n,i}$ wird die letzte Gleichung einmal nach x abgeleitet

$$M'' + S_{n,i}\, w'' = 0\,,$$

und mit $M = - E\,I\,w''$ erhält man hieraus, wenn man bereichsweise konstantes Trägheitsmoment $I_{n,i} = \text{const}$ voraussetzt, schließlich die gesuchte Differentialgleichung

$$w'''' - \frac{S_{n,i}}{E\,I_{n,i}}\, w'' = 0\,. \tag{20.5}$$

Die Lösung der Differentialgleichung hängt vom Vorzeichen der Schnittkraft $S_{n,i}$ ab. Für Druckbereiche ($S_{n,i} < 0$) lautet sie

$$w = c_1 \sin \varepsilon_{n,i}\, \xi + c_2 \cos \varepsilon_{n,i}\, \xi + c_3\, \xi + c_4 \tag{20.6a}$$

und für Zugbereiche ($S_{n,i} > 0$)

$$w = \hat{c}_1 \,\text{sh}\, \varepsilon_{n,i}\, \xi + \hat{c}_2 \,\text{ch}\, \varepsilon_{n,i}\, \xi + \hat{c}_3\, \xi + \hat{c}_4 \tag{20.6b}$$

mit $\xi = x/l_{n,i}$ und der „Längskraftkennzahl"

$$\varepsilon_{n,i} = \sqrt{\frac{|\,s_{n,i}\,|\,l_{n,i}^2}{E\,I_{n,i}}}\,. \tag{20.7}$$

Unter Beachtung der Randbedingungen

$$w'(0) = \varphi_n\,, \qquad w'(l) = \varphi_i \quad \text{und} \quad w(l) - w(0) = -\,\psi_{n,i}\, l_{n,i}$$

und mit

$$M_{n,i} = - E\,I_{n,i}\, w''(0)\,, \qquad M_{i,n} = + E\,I_{n,i}\, w''(l_{n,i})$$

erhält man schließlich die gesuchte Beziehung zwischen den Stabendmomenten und den Drehwinkeln des nicht durch äußere Lasten beanspruchten Stabes n, i

$$M_{n,i} = \bar{k}_{n,i}\, [\varphi_n + \gamma_{n,i}\, \varphi_i + (1 + \gamma_{n,i})\, \psi_{n,i}]\,,$$
$$M_{i,n} = \bar{k}_{n,i}\, [\gamma_{n,i}\, \varphi_n + \varphi_i + (1 + \gamma_{n,i})\, \psi_{n,i}]\,. \tag{20.8a,b}$$

Die Stabsteifigkeiten $\bar{k}_{n,i}$ und die Fortleitungszahlen $\gamma_{n,i}$ sind von der im Bereich n, i geltenden Längskraftkennzahl $\varepsilon_{n,i}$ abhängig. Dabei ist es wesentlich, darauf hinzuweisen, daß $\bar{k}_{n,i}$ doppelt so groß wie das in der Theorie erster Ordnung benutzte $k_{n,i}$ ist; also

$$\bar{k}_{n,i} = 2\, k_{n,i}\,.$$

Für auf Druck beanspruchte Bereiche gilt

$$\bar{k}_{n,i} = \frac{E\,I_{n,i}}{l_{n,i}}\, \frac{\varepsilon_{n,i}\,(\sin \varepsilon_{n,i} - \varepsilon_{n,i} \cos \varepsilon_{n,i})}{2\,(1 - \cos \varepsilon_{n,i}) - \varepsilon_{n,i} \sin \varepsilon_{n,i}}\,,$$

$$\gamma_{n,i} = \frac{\varepsilon_{n,i} - \sin \varepsilon_{n,i}}{\sin \varepsilon_{n,i} - \varepsilon_{n,i} \cos \varepsilon_{n,i}} \tag{20.9a,b}$$

und für Zugbereiche

$$\bar{k}_{n,i} = \frac{E\,I_{n,i}}{l_{n,i}}\,\frac{\varepsilon_{n,i}\,(-\operatorname{sh}\varepsilon_{n,i} + \varepsilon_{n,i}\operatorname{ch}\varepsilon_{n,i})}{2\,(1-\operatorname{ch}\varepsilon_{n,i}) + \varepsilon_{n,i}\operatorname{sh}\varepsilon_{n,i}}\,,$$

$$\gamma_{n,i} = \frac{-\varepsilon_{n,i} + \operatorname{sh}\varepsilon_{n,i}}{-\operatorname{sh}\varepsilon_{n,i} + \varepsilon_{n,i}\operatorname{ch}\varepsilon_{n,i}}\,.$$

(20.10 a, b)

Für den Fall verschwindender Längskräfte ($S_{n,i} = 0$) ergeben sich aus dem − etwas umständlichen − Grenzübergang $\varepsilon_{n,i} \to 0$ mit $\bar{k}_{n,i} = 4\,E\,I_{n,i}/l_{n,i}$ und $\gamma_{n,i} = 0{,}5$ die bekannten Werte der Theorie erster Ordnung.

Nun werden die Stabendmomente in den Gl. (1) und (4) nach (8) durch die Drehwinkel ersetzt. Man erhält aus Gl. (1 a)

$$(\bar{k}_{1,2} + \bar{k}_{2,3})\,\varphi_2 + \gamma_{2,3}\,\bar{k}_{2,3}\,\varphi_3 + (1 + \gamma_{1,2})\,\bar{k}_{1,2}\,\psi = 0\,,$$

aus Gl. (1 b)

$$\gamma_{2,3}\,\bar{k}_{2,3}\,\varphi_2 + (\bar{k}_{2,3} + \bar{k}_{3,4})\,\varphi_3 + (1 + \gamma_{3,4})\,\bar{k}_{3,4}\,\psi = 0$$

(20.11 a, b, c)

und aus Gl. (3)

$$(1 + \gamma_{1,2})\,\bar{k}_{1,2}\,\varphi_2 + (1 + \gamma_{3,4})\,\bar{k}_{3,4}\,\varphi_3\,$$
$$+\,[2\,(1 + \gamma_{1,2})\,\bar{k}_{1,2} + 2\,(1 + \gamma_{3,4})\,\bar{k}_{3,4} - (S_{1,2} + S_{3,4})\,l] = -\,W\,l\,.$$

Die Gl. (11 a−c) stellen das gesuchte Gleichungssystem für die geometrisch Unbekannten φ_2, φ_3 und ψ dar. Das Gleichungssystem ist hier symmetrisch.

20.4 Zur Lösung der Gleichungen (11)

Ein wesentlicher Unterschied zum entsprechenden Gleichungssystem der Theorie erster Ordnung besteht bei den Gl. (11) darin, daß die Längskräfte $S_{n,i}$ implizit in den Steifigkeiten $\bar{k}_{n,i}$ und den Fortleitungszahlen $\gamma_{n,i}$ enthalten sind und zusätzlich explizit in Gl. (11 c) erscheinen. Da der Zusammenhang zwischen den $S_{n,i}$ und den $\bar{k}_{n,i}$ beziehungsweise den $\gamma_{n,i}$ durch transzendente Funktionen gegeben ist, und da die $S_{n,i}$ erst nach Kenntnis der geometrisch Unbekannten berechnet werden können, kann das Gleichungssystem (11) nur iterativ gelöst werden. Die Längskräfte $S_{n,i}$ müssen zunächst geschätzt werden. Als gute Schätzung eignen sich die Werte der $S_{n,i}$, die sich aus einer Berechnung nach der Theorie erster Ordnung ergeben:

$$S_{1,2} = -\,S_{3,4} = \frac{3}{7}\,W\,, \qquad S_{2,3} = 0\,.$$

Aus Gl. (7) folgt hiermit

$$\varepsilon_{1,2}^2 = \frac{3}{7}\,\frac{W\,l^2}{E\,I}\,; \qquad \varepsilon_{3,4}^2 = -\,\frac{3}{7}\,\frac{W\,l^2}{E\,I}\,; \qquad \varepsilon_{2,3}^2 = 0\,.$$

Da bei der Bemessung eines Rahmens das Trägheitsmoment nicht bekannt ist, können die $\varepsilon_{i,k}$ zunächst nicht berechnet werden. Deshalb wird die dimensionslose Größe $W l^2/E I$, die im folgenden als Laststufe bezeichnet werden soll, schrittweise gesteigert, und für jede Laststufe die Rechnung durchgeführt. Der Gang dieser Rechnung soll für $W l^2/E I = 1,5$ ausführlich dargestellt werden. Es folgt aus Gleichung

$$(7): \quad \varepsilon_{1,2}^2 = \frac{3}{7} \cdot 1,5 = 0,6429 = -\,\varepsilon_{3,4}^2 \,, \quad \varepsilon_{2,3}^2 = 0 \,;$$

$$(10): \quad \bar{k}_{1,2}\,\frac{l}{E I} = 4,0850 \,, \quad \gamma_{1,2} = 0,4845 \,, \quad (1 + \gamma_{1,2})\,\bar{k}_{1,2}\,\frac{l}{E I} = 6,0642 \,;$$

$$(9): \quad \bar{k}_{3,4}\,\frac{l}{E I} = 3,9136 \,, \quad \gamma_{3,4} = 0,5166 \,, \quad (1 + \gamma_{3,4})\,\bar{k}_{3,4}\,\frac{l}{E I} = 5,9354 \,;$$

$$\varepsilon_{2,3} = 0: \quad \bar{k}_{2,3}\,\frac{l}{E I} = 4 \,, \quad\quad \gamma_{2,3} = 0,5 \,, \quad\quad (1 + \gamma_{2,3})\,\bar{k}_{2,3}\,\frac{l}{E I} = 6 \,.$$

Nach Multiplizieren der Gl. (11) mit $l/E I$ wird das Gleichungssystem für die Drehwinkel

$$8,0850\,\varphi_2 + 2\,\varphi_3 \qquad\quad + 6,0642\,\psi = 0 \,,$$
$$2\,\varphi_2 \qquad\quad + 7,9136\,\varphi_3 + 5,9354\,\psi = 0 \,,$$
$$6,0642\,\varphi_2 + 5,9354\,\varphi_3 + [2\,(6,0642 + 5,9354) - 0,6429 + 0,6429]\,\psi = -\,3$$

mit der Lösung

$$\varphi_2 = 0,05373 \,, \quad \varphi_3 = 0,05335 \,, \quad \psi = -\,0,08927 \,.$$

Aus Gl. (8) ergeben sich die Stabendmomente zu

$$M_{1,2}\,\frac{l}{E I} = -\,0,4350 \,,$$

$$M_{2,1}\,\frac{l}{E I} = -\,0,3219 = -\,M_{2,3}\,\frac{l}{E I} \,,$$

$$M_{3,2}\,\frac{l}{E I} = \;\;\; 0,3211 = -\,M_{3,4}\,\frac{l}{E I} \,,$$

$$M_{4,3}\,\frac{l}{E I} = -\,0,4220 \,.$$

Man erkennt, daß die bei der Berechnung nach der Theorie erster Ordnung vorhandene Antisymmetrie verlorengegangen ist.

Aus Gl. (3a, b) ergibt sich für die Querkräfte $R_{n,i}$

$$R_{1,2}\,\frac{l^2}{E I} = R_{2,1}\,\frac{l^2}{E I} = -\,(-\,0,4350 - 0,3219) + 0,6429 \cdot 0,08927 = 0,8143 \,,$$

$$R_{3,4}\,\frac{l^2}{E I} = R_{4,3}\,\frac{l^2}{E I} = -\,(-\,0,3211 - 0,4220) - 0,6429 \cdot 0,08927 = 0,6857$$

und entsprechend

$$R_{2,3}\,\frac{l^2}{EI} = R_{3,2}\,\frac{l^2}{EI} = -\,(0,3219 + 0,3211) - 0 = -\,0,6430\;.$$

Nun können die neuen Längskräfte $S_{\mathrm{n,i}}$ aus dem Kräftegleichgewicht an den Knoten 2 und 3 ermittelt werden (Bild 20.1 b):

Gleichgewicht in vertikaler Richtung für Knoten 2

$$S_{1,2} = -\,R_{2,3}$$

oder

$$S_{1,2}\,\frac{l^2}{EI} = -\,R_{2,3}\,\frac{l^2}{EI} = +\,0,6430 = \varepsilon_{1,2}^2\,,$$

Gleichgewicht in vertikaler Richtung für Knoten 3

$$S_{3,4} = R_{3,2}$$

oder

$$S_{3,4}\,\frac{l^2}{EI} = R_{3,2}\,\frac{l^2}{EI} = -\,0,6430 = \varepsilon_{3,4}^2\,,$$

Gleichgewicht in horizontaler Richtung für Knoten 2

$$S_{2,3} = R_{2,1} - \frac{W}{2}$$

oder

$$S_{2,3}\,\frac{l^2}{EI} = R_{2,1}\,\frac{l^2}{EI} - \frac{1}{2}\,W\,\frac{l^2}{EI} = 0,8143 - \frac{1}{2}\,1,5 = 0,0653 = \varepsilon_{2,3}^2\;.$$

Die Änderung der Längskräfte beträgt

$$\Delta S_{1,2} = \Delta S_{3,4} = (0,6430 - 0,6429)\,\frac{EI}{l^2} = 0,0001\,\frac{EI}{l^2}\,,$$

$$\Delta S_{2,3} = 0,0643\,\frac{EI}{l^2}\;.$$

Diese Änderungen sind so gering, daß eine weitere Iteration überflüssig ist. Insbesondere wird auch die verhältnismäßig willkürliche Steigerung in Laststufen damit gerechtfertigt.

Die Ergebnisse für die Einspannmomente $M_{1,2}$ und $M_{4,3}$ sowie für die Drehwinkel φ_2, φ_3 und ψ sind in Bild 20.2 a, b für den Bereich

$$0 \leqq \frac{W l^2}{EI} \leqq 5$$

angegeben. Die Abweichungen zwischen den nach der linearen Theorie und der Theorie zweiter Ordnung berechneten Größen sind gering. Die maximale Laststufe in Bild 20.2 ist $W l^2/EI = 5$. Sie liegt noch sehr weit unterhalb derjenigen Laststufe, bei der die Kurven in Bild 20.3 a sich deutlich ihrer Asymptote nähern. Sämtliche Kurven sind praktisch gerade Linien.

Weiterhin ist zu beachten, daß der Gültigkeitsbereich der hier verwendeten „linearisierten" Theorie zweiter Ordnung bei Drehungen von etwa 0,04 endet,

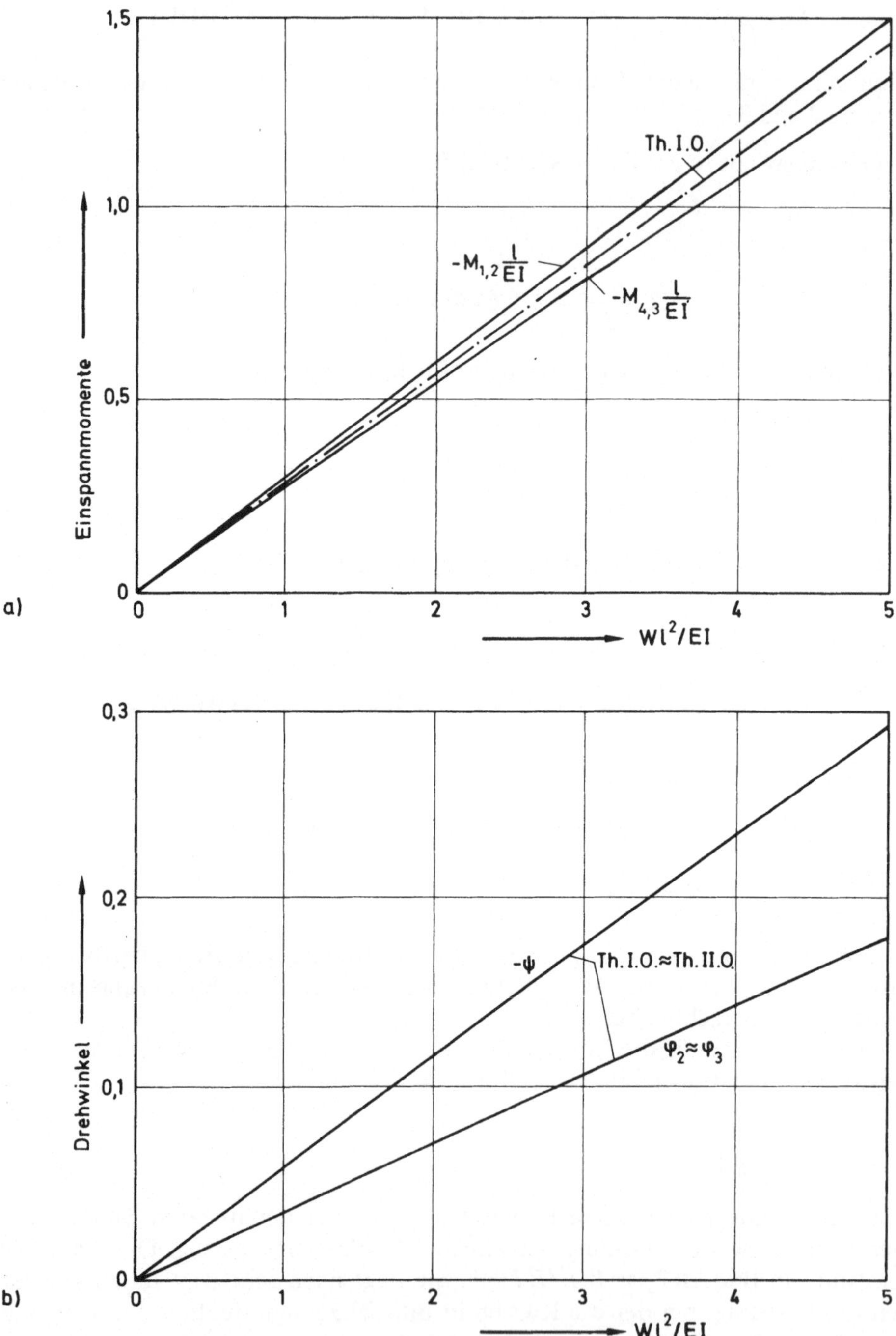

Bild 20.2a u. b. Ergebnisse der Theorie zweiter Ordnung im Vergleich zur Theorie erster Ordnung

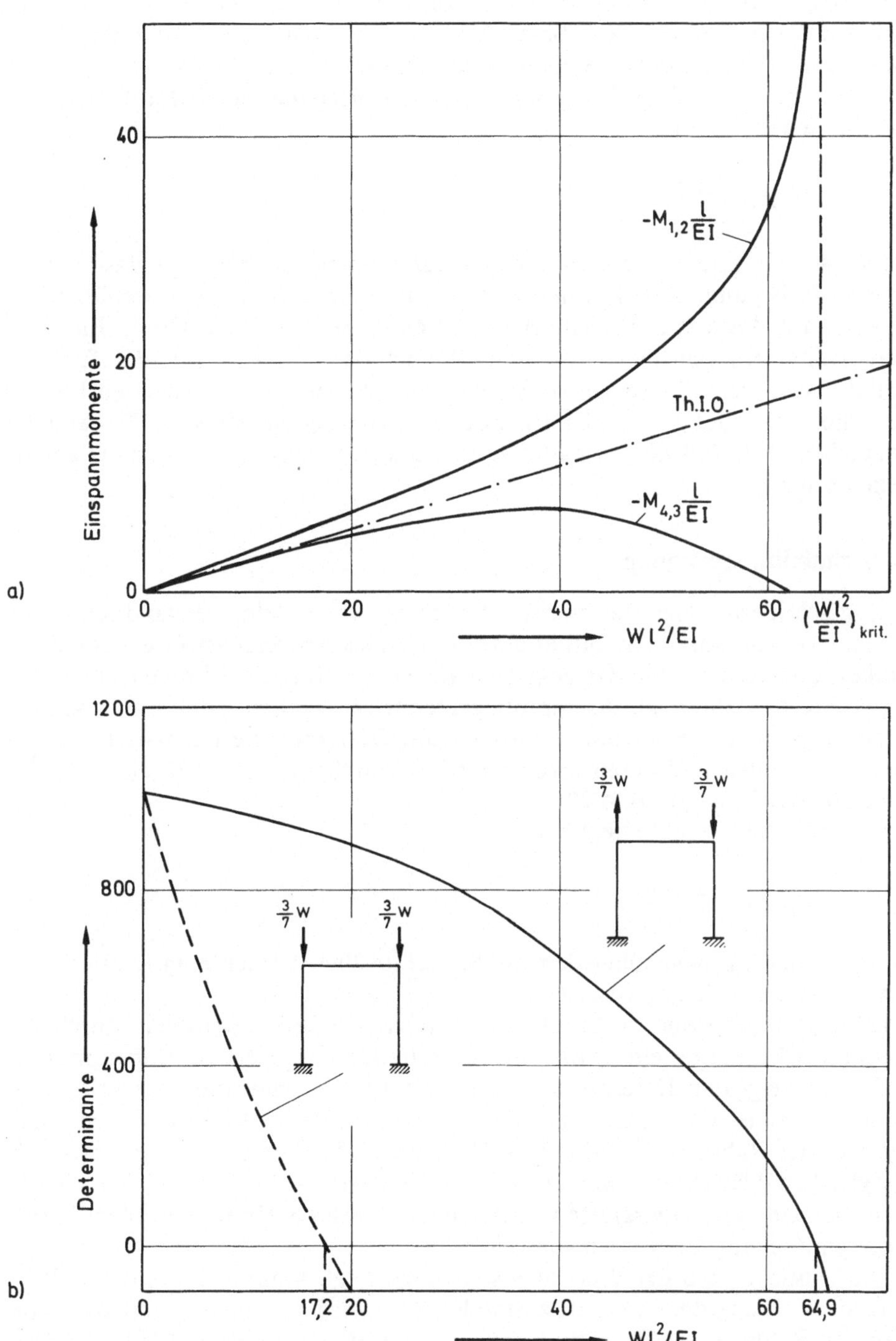

Bild 20.3a u. b. Vollständige Kurve nach der Theorie zweiter Ordnung und der Determinantenverlauf

so daß von Bild 20.2 ohnehin nur ein sehr kleiner Bereich wirklichkeitsnahen Größen entspricht. Schließlich erhält man folgende Formel bei Beschränkung auf den elastischen Bereich. Setzt man für die Spannung in der Randfaser eines Querschnitts infolge Biegung und Längskraft die Fließspannung σ ein und löst die entstandene Beziehung nach dem Biegemoment M auf, so ergibt sich für den Stahlbau

$$M \frac{l}{EI} \approx 0{,}3 \, ,$$

wobei M eine obere Grenze für das Biegemoment ist, bei dem das Fließen spätestens beginnt. Die Formel wurde durch überschlägige Abschätzungen gewonnen und durch zahlreiche Beispielrechnungen bestätigt. Die in Bild 20.2 dargestellten Kurven stellen also einen Bereich dar, der weit über den für baupraktische Zwecke interessanten Bereich hinausgeht. Im vorliegenden Fall ist also die Anwendung der Theorie zweiter Ordnung überflüssig. Es sei aber deutlich betont, daß die Verhältnisse bei anderen Beispielen durchaus anders liegen können.

20.5 Stabilitätsrechnung

Die geschilderte Theorie zweiter Ordnung kann selbstverständlich auch benutzt werden, um die Stabilität eines Zustandes beziehungsweise eines Tragwerkes festzustellen. Von der gesamten Kurve von Bild 20.3 braucht dann nur die senkrecht verlaufende Asymptote gerechnet zu werden. Hierzu ist von dem Gleichungssystem der φ- und ψ-Größen die Determinante der Koeffizientenmatrix zu bilden und deren niedrigster Nulldurchgang zu ermitteln. Für das behandelte Beispiel gilt Bild 20.3.

Die kritische Laststufe liegt bei

$$\left(\frac{W l^2}{EI} \right)_{\mathrm{krit}} = 64{,}9 \, ,$$

womit in der Tat gegenüber dem in Abschnitt 20.4 betrachteten Bereich eine sehr große Laststufe gegeben ist.

Es ist noch die Frage zu beantworten, welches Stabilitätsproblem durch die Laststufe 64,9 dargestellt wird. Hierfür gilt die ausgezogene Kurve in Bild 20.3 b. Sie zeigt den Determinantenverlauf und die Ermittlung der kritischen Laststufe. Es ist dort aber auch das entsprechende Stabilitätsproblem dargestellt: Der Rahmen wird durch Kräfte an den Knoten so belastet, daß sich die gleichen Längskräfte wie unter der Windlast ergeben, wobei jedoch die Biegemomente und Querkräfte verschwinden. Dieses Stabilitätsproblem liefert die Asymptote für die Kurven von Bild 20.3 a.

Die Tatsache, daß der Wert 64,9 sehr hoch liegt, kommt durch die stabilisierende Wirkung der Zugkraft zustande. Dies wird besonders deutlich, wenn man den Rahmen mit Druckkräften in beiden Stielen berechnet (Bild 20.3 b). Die kritische Laststufe sinkt dann mit 17,2 auf fast ein Viertel des oben ermittelten Wertes.

Anhang

A 1. Tabelle zur Ermittlung von Biegelinien gerader Stäbe konstanter Steifigkeit

Nr.	Biegemoment	$EI\tau_l$	$EI\tau_r$	EIw	max. EIw	an der Stelle ξ	ω
1	M ▭ M	$\dfrac{Ml}{2}$	$-\dfrac{Ml}{2}$	$\dfrac{Ml^2}{2}\,\omega_1$	$0{,}1250\,Ml^2$	$0{,}5000$	$\omega_1=\xi-\xi^2$
2	M	$\dfrac{Ml}{6}$	$-\dfrac{Ml}{3}$	$\dfrac{Ml^2}{6}\,\omega_2$	$0{,}0642\,Ml^2$	$0{,}5775$	$\omega_2=\xi-\xi^3$
3	M	$\dfrac{Ml}{3}$	$-\dfrac{Ml}{6}$	$\dfrac{Ml^2}{6}\,\omega_3$	$0{,}0642\,Ml^2$	$0{,}4225$	$\omega_3=2\xi-3\xi^2+\xi^3$
4	M_1 ▭ M_2	$\dfrac{l}{6}(2M_1+M_2)$	$-\dfrac{l}{6}(M_1+2M_2)$	$\dfrac{(M_1\omega_3+M_2\omega_2)\,l^2}{6}$	[1] $\dfrac{(M_1A+M_2B)\,l^2}{6}$	[2] $\dfrac{1}{1-a}\pm\sqrt{b}$	$\omega_3,\omega_2,\text{s.o.}$
5	M ▱ M	$\dfrac{Ml}{6}$	$\dfrac{Ml}{6}$	$\dfrac{Ml^2}{6}\,\omega_5$	$0{,}0160\,Ml^2$ $-0{,}0160\,Ml^2$	$0{,}2113$ $0{,}7887$	$\omega_5=\xi-3\xi^2+2\xi^3$
6	M ◺ $-\dfrac{M}{2}$	$\dfrac{Ml}{4}$	0	$\dfrac{Ml^2}{4}\,\omega_6$	$0{,}0370\,Ml^2$	$0{,}3333$	$\omega_6=\xi-2\xi^2+\xi^3$
7	$-\dfrac{M}{2}$ ◹ M	0	$-\dfrac{Ml}{4}$	$\dfrac{Ml^2}{4}\,\omega_7$	$0{,}0370\,Ml^2$	$0{,}6667$	$\omega_7=\xi^2-\xi^3$
8	I II $\;\gamma l\;\delta l$ $\;M'$	$^{\mathrm{I}}\dfrac{Ml}{6}(1+\delta)$ $^{\mathrm{II}}-\dfrac{Ml}{3}(2\gamma-1)$	$^{\mathrm{I}}\dfrac{Ml}{3}(2\delta-1)$ $^{\mathrm{II}}-\dfrac{Ml}{6}(1+\gamma)$	$^{\mathrm{I}}\dfrac{Ml^2}{6\gamma}\,\omega_{8\gamma}$ $^{\mathrm{II}}\dfrac{Ml^2}{6\delta}\,\omega_{8\delta}$	$\gamma>\delta:$ $0{,}0642\dfrac{Ml^2}{\gamma}\sqrt{1-\delta^2}^{\,3}$ $\gamma<\delta:$ $0{,}0642\dfrac{Ml^2}{\delta}\sqrt{1-\gamma^2}^{\,3}$	$\gamma>\delta:$ $\xi=0{,}5774\sqrt{1-\delta^2}$ $\gamma<\delta:$ $\xi'=0{,}5774\sqrt{1-\gamma^2}$	$\omega_{8\gamma}=\xi-\delta^2\xi-\xi^3$ $\omega_{8\delta}=\xi'-\gamma^2\xi'-\xi'^3$
9	$M\;\;s$ Quadr. Parabel	$\dfrac{Ml}{3}$	$-\dfrac{Ml}{3}$	$\dfrac{Ml^2}{3}\,\omega_9$	$0{,}1042\,Ml^2$	$0{,}5000$	$\omega_9=\xi^4-2\xi^3+\xi$
10	M s Quadr. Parabel	$\dfrac{5Ml}{12}$	$-\dfrac{Ml}{4}$	$\dfrac{Ml^2}{12}\,\omega_{10}$	$0{,}0896\,Ml^2$	$0{,}4463$	$\omega_{10}=\xi^4-6\xi^2+5\xi$
11	M s Quadr. Parabel	$\dfrac{Ml}{4}$	$-\dfrac{5Ml}{12}$	$\dfrac{Ml^2}{12}\,\omega_{11}$	$0{,}0896\,Ml^2$	$0{,}5537$	$\omega_{11}=\xi^4-4\xi^3+3\xi$
12	$s\;\;M$ Quadr. Parabel	$\dfrac{Ml}{12}$	$-\dfrac{Ml}{4}$	$\dfrac{Ml^2}{12}\,\omega_{12}$	$0{,}0394\,Ml^2$	$0{,}6300$	$\omega_{12}=\xi-\xi^4$
13	$M\;\;s$ Quadr. Parabel	$\dfrac{Ml}{4}$	$-\dfrac{Ml}{12}$	$\dfrac{Ml^2}{12}\,\omega_{13}$	$0{,}0394\,Ml^2$	$0{,}3700$	$\omega_{13}=3\xi-6\xi^2+4\xi^3-\xi^4$
14	q $s\;\;M$	$\dfrac{Ml}{20}$	$-\dfrac{Ml}{5}$	$\dfrac{Ml^2}{20}\,\omega_{14}$	$0{,}0286\,Ml^2$	$0{,}6687$	$\omega_{14}=\xi-\xi^5$
15	q $M\;\;s$	$\dfrac{Ml}{5}$	$-\dfrac{Ml}{20}$	$\dfrac{Ml^2}{20}\,\omega_{15}$	$0{,}0268\,Ml^2$	$0{,}3313$	$\omega_{15}=\xi^5-5\xi^4+10\xi^3-10\xi^2+4\xi$
16	q $s\;\;M$	$\dfrac{Ml}{10}$	$-\dfrac{11Ml}{40}$	$\dfrac{Ml^2}{40}\,\omega_{16}$	$0{,}0458\,Ml^2$	$0{,}6185$	$\omega_{16}=\xi^5-5\xi^4+4\xi$
17	q $M\;\;s$	$\dfrac{11Ml}{40}$	$-\dfrac{Ml}{10}$	$\dfrac{Ml^2}{40}\,\omega_{17}$	$0{,}0458\,Ml^2$	$0{,}3815$	$\omega_{17}=-\xi^5+10\xi^3-20\xi^2+11\xi$
18	q M	$\dfrac{7Ml}{60}$	$-\dfrac{2Ml}{15}$	$\dfrac{Ml^2}{60}\,\omega_{18}$	$0{,}0391\,Ml^2$	$0{,}5193$	$\omega_{18}=3\xi^5-10\xi^3+7\xi$
19	q M	$\dfrac{2Ml}{15}$	$-\dfrac{7Ml}{60}$	$\dfrac{Ml^2}{60}\,\omega_{19}$	$0{,}0391\,Ml^2$	$0{,}4807$	$\omega_{19}=8\xi-20\xi^3+15\xi^4-3\xi^5$

[1] $A=2c-3c^2+c^3,\qquad B=c-c^3$ mit $c=\dfrac{1}{1-a}\pm\sqrt{b}$

14 bis 19: Kub. Parabel

[2] $a=\dfrac{M_2}{M_1}\qquad b=\dfrac{1}{(1-a)^2}-\dfrac{2+a}{3(1-a)}\qquad$ für $M_1\neq M_2$

<u>System und Bezeichnungen:</u>

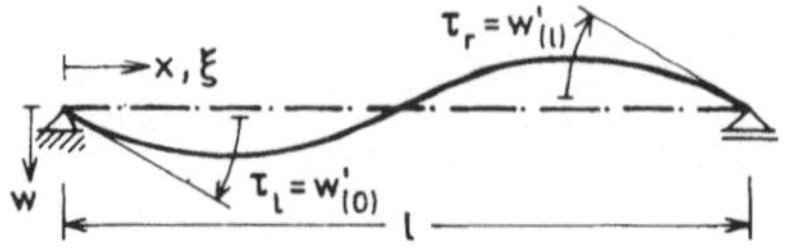

(Fortsetzung)

Nr.	Biegemoment	EIw'	EIF	EIF_x
1	M ▭ M	$\dfrac{Ml}{2}(1-2\xi)$	$\dfrac{Ml^3}{12}$	$\dfrac{Ml^3}{12}(3\xi^2-2\xi^3)$
2	◁ M	$\dfrac{Ml}{6}(1-3\xi^2)$	$\dfrac{Ml^3}{24}$	$\dfrac{Ml^3}{12}(\xi^2-\tfrac{1}{2}\xi^4)$
3	M ▷	$\dfrac{Ml}{6}(2-6\xi+3\xi^2)$	$\dfrac{Ml^3}{24}$	$\dfrac{Ml^3}{24}(4\xi^2-4\xi^3+\xi^4)$
4	M_1 ▭ M_2	$\dfrac{M_1 l}{6}(3\xi^2-6\xi+2)+\dfrac{M_2 l}{6}(1-3\xi^2)$	$\dfrac{l^3}{24}(M_1+M_2)$	$\dfrac{M_1 l^3}{24}(4\xi^2-4\xi^3+\xi^4)+\dfrac{M_2 l^3}{12}(\xi^2-\tfrac{1}{2}\xi^4)$
5	M ▱ $-M$	$\dfrac{Ml}{6}(1-6\xi+6\xi^2)$	0	$\dfrac{Ml^3}{12}(\xi^2-2\xi^3+\xi^4)$
6	M ▱ $-\dfrac{M}{2}$	$\dfrac{Ml}{4}(1-4\xi+3\xi^2)$	$\dfrac{Ml^3}{48}$	$\dfrac{Ml^3}{48}(6\xi^2-8\xi^3+3\xi^4)$
7	$-\dfrac{M}{2}$ ◁ M	$\dfrac{Ml}{4}(2\xi-3\xi^2)$	$\dfrac{Ml^3}{48}$	$\dfrac{Ml^3}{48}(4\xi^3-3\xi^4)$
8	I II M	$\dfrac{Ml}{6\gamma}(1-\delta^2-3\xi^2)$	$\dfrac{Ml^3}{24}\gamma^2(4-3\gamma)$	$\dfrac{Ml^3}{24\gamma}[2\xi^2(1-\delta^2)-\xi^4]$
		$\dfrac{Ml}{6\delta}(1-\gamma^2-3\xi'^2)$	$\dfrac{Ml^3}{24}\delta^2(4-3\delta)$	$\dfrac{Ml^3}{24\delta}[2\xi'^2(1-\gamma^2)-\xi'^4]$
9	M s Quadr. Parabel	$\dfrac{Ml}{3}(1-6\xi^2+4\xi^3)$	$\dfrac{Ml^3}{15}$	$\dfrac{Ml^3}{30}(2\xi^5-5\xi^4+5\xi^2)$
10	M s Quadr. Parabel	$\dfrac{Ml}{12}(4\xi^3-12\xi+5)$	$\dfrac{7Ml^3}{120}$	$\dfrac{Ml^3}{120}(2\xi^5-20\xi^3+25\xi^2)$
11	M s Quadr. Parabel	$\dfrac{Ml}{12}(4\xi^3-12\xi^2+3)$	$\dfrac{7Ml^3}{120}$	$\dfrac{Ml^3}{120}(2\xi^5-10\xi^4+15\xi^2)$
12	s M Quadr. Parabel	$\dfrac{Ml}{12}(1-4\xi^3)$	$\dfrac{Ml^3}{40}$	$\dfrac{Ml^3}{120}(5\xi^2-2\xi^5)$
13	M s Quadr. Parabel	$\dfrac{Ml}{12}(3-12\xi+12\xi^2-4\xi^3)$	$\dfrac{Ml^3}{40}$	$\dfrac{Ml^3}{120}(15\xi^2-20\xi^3+10\xi^4-2\xi^5)$
14	q s M	$\dfrac{Ml}{20}(1-5\xi^4)$	$\dfrac{Ml^3}{60}$	$\dfrac{Ml^3}{120}(3\xi^2-\xi^6)$
15	q M s	$\dfrac{Ml}{20}(5\xi^4-20\xi^3+30\xi^2-20\xi+4)$	$\dfrac{Ml^3}{60}$	$\dfrac{Ml^3}{120}(\xi^6-6\xi^5+15\xi^4-20\xi^3+12\xi^2)$
16	q s M	$\dfrac{Ml}{40}(4-20\xi^3+5\xi^4)$	$\dfrac{7Ml^3}{240}$	$\dfrac{Ml^3}{240}(12\xi^2-6\xi^5+\xi^6)$
17	q M s	$\dfrac{Ml}{40}(11-40\xi+30\xi^2-5\xi^4)$	$\dfrac{7Ml^3}{240}$	$\dfrac{Ml^3}{240}(33\xi^2+40\xi^3+15\xi^4-\xi^6)$
18	q M	$\dfrac{Ml}{60}(15\xi^4-30\xi^2+7)$	$\dfrac{Ml^3}{40}$	$\dfrac{Ml^3}{120}(\xi^6-5\xi^4+7\xi^2)$
19	M q	$\dfrac{Ml}{60}(8-60\xi^2+60\xi^3-15\xi^4)$	$\dfrac{Ml^3}{40}$	$\dfrac{Ml^3}{120}(8\xi^2-10\xi^4+6\xi^5-\xi^6)$

Nr. 14 bis 19 : Kub. Parabel

System und Bezeichnungen:

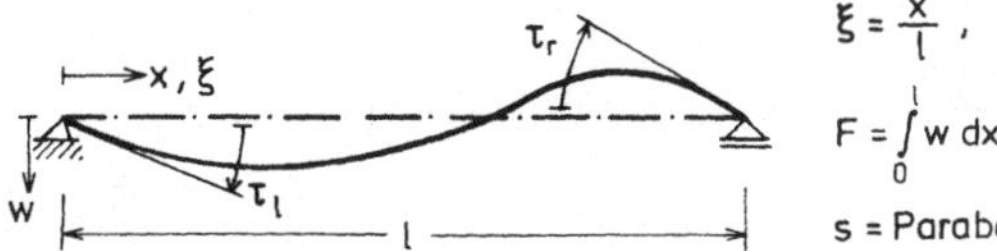

$$\xi = \frac{x}{l}\ ,\quad \xi' = 1-\xi\ ,\quad w' = \frac{dw}{dx}$$

$$F = \int_0^l w\,dx\ ,\quad F_x = \int_0^x w\,dx$$

s = Parabelscheitel

A2. Formänderungsintegrale für konstantes Trägheitsmoment

Nr.	(Beam, Länge l)	k ▭ k	◣ k	k_1 ◻ k_2	k ◿ $-k$	k ◿ $-\dfrac{k}{2}$	αl ◣ βl ; k
0	$\int k^2 dx$	$k^2 l'$	$\dfrac{1}{3}k^2 l'$	$\dfrac{1}{3}(k_1^2+k_1 k_2+k_2^2)l'$	$\dfrac{1}{3}k^2 l'$	$\dfrac{1}{4}k^2 l'$	$\dfrac{1}{3}k^2 l'$
1	i ▭ i	$ik l'$	$\dfrac{1}{2}ik l'$	$\dfrac{1}{2}i(k_1+k_2)l'$	0	$\dfrac{1}{4}ik l'$	$\dfrac{1}{2}ik l'$
2	◣ i	$\dfrac{1}{2}ik l'$	$\dfrac{1}{3}ik l'$	$\dfrac{1}{6}i(k_1+2k_2)l'$	$-\dfrac{1}{6}ik l'$	0	$\dfrac{1}{6}ik(1+\alpha)l'$
3	i ◢	$\dfrac{1}{2}ik l'$	$\dfrac{1}{6}ik l'$	$\dfrac{1}{6}i(2k_1+k_2)l'$	$\dfrac{1}{6}ik l'$	$\dfrac{1}{4}ik l'$	$\dfrac{1}{6}ik(1+\beta)l'$
4	i_1 ◻ i_2	$\dfrac{1}{2}k(i_1+i_2)l'$	$\dfrac{1}{6}k(i_1+2i_2)l'$	$\dfrac{1}{6}[i_1(2k_1+k_2)+i_2(k_1+2k_2)]l'$	$\dfrac{1}{6}k(i_1-i_2)l'$	$\dfrac{1}{4}i_1 k l'$	$\dfrac{1}{6}k[i_1(1+\beta)+i_2(1+\alpha)]l'$
5	i ◿ $-i$	0	$-\dfrac{1}{6}ik l'$	$\dfrac{1}{6}i(k_1-k_2)l'$	$\dfrac{1}{3}ik l'$	$\dfrac{1}{4}ik l'$	$\dfrac{1}{6}ik(1-2\alpha)l'$
6	i ◿ $-\dfrac{i}{2}$	$\dfrac{1}{4}ik l'$	0	$\dfrac{1}{4}ik_1 l'$	$\dfrac{1}{4}ik l'$	$\dfrac{1}{4}ik l'$	$\dfrac{1}{4}ik\,\beta l'$
7	$-\dfrac{i}{2}$ ◺ i	$\dfrac{1}{4}ik l'$	$\dfrac{1}{4}ik l'$	$\dfrac{1}{4}ik_2 l'$	$-\dfrac{1}{4}ik l'$	$-\dfrac{1}{8}ik l'$	$\dfrac{1}{4}ik\,\alpha l'$
8	γl , δl ; i	$\dfrac{1}{2}ik l'$	$\dfrac{1}{6}ik(1+\gamma)l'$	$\dfrac{1}{6}i[k_1(1+\delta)+k_2(1+\gamma)]l'$	$\dfrac{1}{6}ik(1-2\gamma)l'$	$\dfrac{1}{4}ik\,\delta l'$	$\gamma>\alpha:\ \dfrac{ik}{6}[2-\dfrac{(\gamma-\alpha)^2}{\gamma(1-\alpha)}]l'$ $\gamma<\alpha:\ \dfrac{ik}{6}[2-\dfrac{(\alpha-\gamma)^2}{\alpha(1-\gamma)}]l'$ $\gamma=\alpha:\ \dfrac{1}{3}ik l'$
9	i , s (Quadr. Parabel)	$\dfrac{2}{3}ik l'$	$\dfrac{1}{3}ik l'$	$\dfrac{1}{3}i(k_1+k_2)l'$	0	$\dfrac{1}{6}ik l'$	$\dfrac{1}{3}ik(1+\alpha\beta)l'$
10	i , s (Quadr. Parabel)	$\dfrac{2}{3}ik l'$	$\dfrac{1}{4}ik l'$	$\dfrac{1}{12}i(5k_1+3k_2)l'$	$\dfrac{1}{6}ik l'$	$\dfrac{7}{24}ik l'$	$\dfrac{1}{12}ik(5-\alpha-\alpha^2)l'$
11	i , s (Quadr. Parabel)	$\dfrac{2}{3}ik l'$	$\dfrac{5}{12}ik l'$	$\dfrac{1}{12}i(3k_1+5k_2)l'$	$-\dfrac{1}{6}ik l'$	$\dfrac{1}{24}ik l'$	$\dfrac{1}{12}ik(5-\beta-\beta^2)l'$
12	s , i (Quadr. Parabel)	$\dfrac{1}{3}ik l'$	$\dfrac{1}{4}ik l'$	$\dfrac{1}{12}i(k_1+3k_2)l'$	$-\dfrac{1}{6}ik l'$	$-\dfrac{1}{24}ik l'$	$\dfrac{1}{12}ik(1+\alpha+\alpha^2)l'$
13	i , s (Quadr. Parabel)	$\dfrac{1}{3}ik l'$	$\dfrac{1}{12}ik l'$	$\dfrac{1}{12}i(3k_1+k_2)l'$	$\dfrac{1}{6}ik l'$	$\dfrac{5}{24}ik l'$	$\dfrac{1}{12}ik(1+\beta+\beta^2)l'$
14	q , s , i	$\dfrac{1}{4}ik l'$	$\dfrac{1}{5}ik l'$	$\dfrac{1}{20}i(k_1+4k_2)l'$	$-\dfrac{3}{20}ik l'$	$-\dfrac{1}{20}ik l'$	$\dfrac{1}{20}ik(1+\alpha)(1+\alpha^2)l'$
15	i , q , s	$\dfrac{1}{4}ik l'$	$\dfrac{1}{20}ik l'$	$\dfrac{1}{20}i(4k_1+k_2)l'$	$\dfrac{3}{20}ik l'$	$\dfrac{7}{40}ik l'$	$\dfrac{1}{20}ik(1+\beta)(1+\beta^2)l'$
16	q , s , i	$\dfrac{3}{8}ik l'$	$\dfrac{11}{40}ik l'$	$\dfrac{1}{40}i(4k_1+11k_2)l'$	$-\dfrac{7}{40}ik l'$	$-\dfrac{3}{80}ik l'$	$\dfrac{1}{40}ik(11-9\beta+\beta^2+\beta^3)l'$
17	q , i , s	$\dfrac{3}{8}ik l'$	$\dfrac{1}{10}ik l'$	$\dfrac{1}{40}i(11k_1+4k_2)l'$	$\dfrac{7}{40}ik l'$	$\dfrac{9}{40}ik l'$	$\dfrac{1}{40}ik(11-9\alpha+\alpha^2+\alpha^3)l'$
18	q , i	$\dfrac{1}{4}ik l'$	$\dfrac{2}{15}ik l'$	$\dfrac{1}{60}i(7k_1+8k_2)l'$	$-\dfrac{1}{60}ik l'$	$\dfrac{1}{20}ik l'$	$\dfrac{1}{20}ik(1+\alpha)(\dfrac{7}{3}-\alpha^2)l'$
19	i , q	$\dfrac{1}{4}ik l'$	$\dfrac{7}{60}ik l'$	$\dfrac{1}{60}i(8k_1+7k_2)l'$	$\dfrac{1}{60}ik l'$	$\dfrac{3}{40}ik l'$	$\dfrac{1}{20}ik(1+\beta)(\dfrac{7}{3}-\beta^2)l'$

Nr. 14 bis 19: Kub. Parabel ; s = Parabelscheitel.

$$EI_c \delta_{kk} = \dfrac{I_c}{I}\int_0^l M_k^2 dx \qquad l' = \dfrac{I_c}{I}l \ ; \qquad EI_c \delta_{ik} = \dfrac{I_c}{I}\int_0^l M_i M_k\, dx$$